中国科协学科发展研究系列报告

中国科学技术协会 / 主编

兵器科学技术
学科发展报告
制导兵器技术

—— REPORT ON ADVANCES IN ——
ORDNANCE SCIENCE AND TECHNOLOGY
(GUIDED WEAPON TECHNOLOGY)

中国兵工学会 / 编著

U0333070

中国科学技术出版社
·北 京·

图书在版编目（CIP）数据

2018—2019兵器科学技术学科发展报告.制导兵器技术／
中国科学技术协会主编；中国兵工学会编著. —北京：中国
科学技术出版社，2020.11

（中国科协学科发展研究系列报告）

ISBN 978-7-5046-8548-3

I.①2… Ⅱ.①中…②中… Ⅲ.①武器—学科发展—研究
报告—中国—2018—2019 Ⅳ.① TJ-12

中国版本图书馆CIP数据核字（2020）第036889号

策划编辑	秦德继　许　慧
责任编辑	余　君
装帧设计	中文天地
责任校对	吕传新
责任印制	李晓霖

出　　版	中国科学技术出版社
发　　行	中国科学技术出版社有限公司发行部
地　　址	北京市海淀区中关村南大街16号
邮　　编	100081
发行电话	010-62173865
传　　真	010-62179148
网　　址	http://www.cspbooks.com.cn

开　　本	787mm×1092mm　1/16
字　　数	275千字
印　　张	12.25
版　　次	2020年11月第1版
印　　次	2020年11月第1次印刷
印　　刷	河北鑫兆源印刷有限公司
书　　号	ISBN 978-7-5046-8548-3 / TJ·10
定　　价	69.00元

2018—2019

兵器科学技术学科发展报告：制导兵器技术

首席科学家	邹汝平	杨树兴		
顾　　问	王兴治	杨绍卿		
专家组成员	王哲荣	苏哲子	李魁武	邱志明	冯煜芳
	许培忠	王　磊	胡光宇	王子梁	吴　碧
	肖先国	张为华	唐胜景	李东光	潘　光
	朱　斌	单永志	张延风	寇军强	李文革

编写组负责人及成员　（按姓氏笔画排序）

丁　艳	于剑桥	马　虎	马清华	尹建平
牛智奇	王　伟	王文平	王永平	王晓芳
王晓鸣	王志军	王晓飞	王海福	王曙光
王嘉楠	王振领	王雪松	田　川	田小涛
龙　腾	叶思隽	母勇民	吕　斌	吕庆山
吕鸿鹏	成　谡	闫振纲	朱志敏	朱笑仪

汤　祥　　刘　坤　　刘钧圣　　刘满国　　刘馨心
刘恒著　　刘叙含　　毕军民　　许　进　　许彩霞
孙卫平　　孙发鱼　　孙瑞胜　　米长伟　　纪辞禹
吴　鹏　　何　勇　　宋　浦　　沈　剑　　陈　伟
陈　雄　　陈二雷　　陈鹏万　　陈四春　　李　军
李伟兵　　李映坤　　李增路　　张　翔　　张　杰
张红青　　张三喜　　张会锁　　张伟杰　　杨　军
杨银芳　　杨栓虎　　郁　锐　　周　健　　郑　宇
岳　超　　范文涛　　武江鹏　　武伟超　　单永志
单家元　　林德福　　苗昊春　　周海玲　　金光勇
姜　志　　骆　盛　　姚文进　　柏杰锋　　赵良玉
赵金磊　　胡宽荣　　郝永平　　娄英明　　高　敏
郭　杰　　侯建鹏　　徐豫新　　唐胜景　　梁　轲
常思江　　常冠男　　龚春林　　梅春波　　黄叙磊
韩　斌　　程　胜　　焦志刚　　董国才　　雷娟棉
蔡文祥　　熊国松　　潘　建　　潘　海　　黎海青
薛海峰

学 术 秘 书　汤江河　郭艺进　孙　岩　殷宏斌

当今世界正经历百年未有之大变局。受新冠肺炎疫情严重影响，世界经济明显衰退，经济全球化遭遇逆流，地缘政治风险上升，国际环境日益复杂。全球科技创新正以前所未有的力量驱动经济社会的发展，促进产业的变革与新生。

2020年5月，习近平总书记在给科技工作者代表的回信中指出，"创新是引领发展的第一动力，科技是战胜困难的有力武器，希望全国科技工作者弘扬优良传统，坚定创新自信，着力攻克关键核心技术，促进产学研深度融合，勇于攀登科技高峰，为把我国建设成为世界科技强国作出新的更大的贡献"。习近平总书记的指示寄托了对科技工作者的厚望，指明了科技创新的前进方向。

中国科协作为科学共同体的主要力量，密切联系广大科技工作者，以推动科技创新为己任，瞄准世界科技前沿和共同关切，着力打造重大科学问题难题研判、科学技术服务可持续发展研判和学科发展研判三大品牌，形成高质量建议与可持续有效机制，全面提升学术引领能力。2006年，中国科协以推进学术建设和科技创新为目的，创立了学科发展研究项目，组织所属全国学会发挥各自优势，聚集全国高质量学术资源，凝聚专家学者的智慧，依托科研教学单位支持，持续开展学科发展研究，形成了具有重要学术价值和影响力的学科发展研究系列成果，不仅受到国内外科技界的广泛关注，而且得到国家有关决策部门的高度重视，为国家制定科技发展规划、谋划科技创新战略布局、制定学科发展路线图、设置科研机构、培养科技人才等提供了重要参考。

2018年，中国科协组织中国力学学会、中国化学会、中国心理学会、中国指挥与控制学会、中国农学会等31个全国学会，分别就力学、化学、心理学、指挥与控制、农学等31个学科或领域的学科态势、基础理论探索、重要技术创新成果、学术影响、国际合作、人才队伍建设等进行了深入研究分析，参与项目研究和报告编写的专家学者不辞辛劳，深入调研，潜心研究，广集资料，提炼精华，编写了 31 卷学科发展报告以及 1 卷综合报告。综观这些学科发展报告，既有关于学科发展前沿与趋势的概观介绍，也有关于学科近期热点的分析论述，兼顾了科研工作者和决策制定者的需要；细观这些学科发展报告，从中可以窥见：基础理论研究得到空前重视，科技热点研究成果中更多地显示了中国力量，诸多科研课题密切结合国家经济发展需求和民生需求，创新技术应用领域日渐丰富，以青年科技骨干领衔的研究团队成果更为凸显，旧的科研体制机制的藩篱开始打破，科学道德建设受到普遍重视，研究机构布局趋于平衡合理，学科建设与科研人员队伍建设同步发展等。

在《中国科协学科发展研究系列报告（2018—2019）》付梓之际，衷心地感谢参与本期研究项目的中国科协所属全国学会以及有关科研、教学单位，感谢所有参与项目研究与编写出版的同志们。同时，也真诚地希望有更多的科技工作者关注学科发展研究，为本项目持续开展、不断提升质量和充分利用成果建言献策。

中国科学技术协会

2020 年 7 月于北京

前言
PREFACE

兵器科学与技术学科包括装甲兵器、身管兵器、制导兵器、弹药、水中兵器和含能材料等技术学科。自 2008 年以来，中国兵工学会连续组织编写出版了四本《兵器科学技术学科发展报告》，报告全面地反映了我国兵器科学技术的发展现状、优势和特点，分析了我国与国际先进水平之间存在的差距，在国内外引起了较大的反响，受到从事兵器及相关学科研究设计、生产使用、教学和管理的科技工作者的欢迎。

制导兵器技术涵盖制导兵器总体、发射、推进、制导控制、毁伤、仿真与测试、试验与评估等专业技术，主要应用于战术导弹、制导火箭、炮射制导弹药、制导炸弹等各类武器装备的研制。制导兵器是陆军火力打击体系的主体，也是全军精确打击与高效毁伤的重要支撑，不仅引领武器装备核心技术的发展与应用，还推动相关民用技术的发展，对我国国防建设和经济发展都具有重大意义。近年来，红箭导弹系列、蓝箭空地导弹系列、火龙制导火箭系列、激光末制导炮弹系列、激光制导炸弹系列等一大批装备集中亮相，制导体制涵盖激光、电视、红外、卫星 / 惯性等种类，飞行速度覆盖亚、跨、超、高超音速等范围，飞行空域涉及中低空以及临近空间，总体性能居于世界先进水平，表明我国制导兵器技术跨上了一个新台阶。目前制导兵器正在向智能化发展，对总体和相关技术领域的创新发展提出了新的要求。

《2018—2019 兵器科学技术学科发展报告（制导兵器技术）》由综合报告和总体、发射、推进、制导控制、毁伤、仿真与测试、试验与评估七个专题报告组成，系统地阐述了我国制导兵器技术的发展现状，重点关注了近五年的最新进展；比较了我国制导兵器技术与国外先进水平的差距；分析了制导兵器技术未来发展趋势，提出了加强我国制导兵器技术学科建设的措施。本报告由邹汝平研究员、杨树兴研究员担任首席科学家，王兴治院士、杨绍卿院士担任顾问，西安现代控制技术研究所、北京理工大学、南京理工大学、中国兵器工业导航与控制技术研究所、西北工业集团有限公司、中国兵器航空弹药研究院、淮海工业集团有限公司、晋西工业集团有限责任公司等单位的专家教授参加了编写，编写过程得到了中国兵器科学研究院、西北工业大学、中北大学、长春理工大学、沈阳理工大学以及中国兵器工业集团公司、中国兵器装备集团公司相关研究院所、企业的高度重视和大力支持，并提供了相关素材。在此，谨向为制导兵器技术学科发展研究工作的开展和报告的撰写给予关心、支持、建议、帮助的单位和个人致以衷心的感谢！

中国兵工学会

2019 年 10 月

目录
CONTENTS

ABSTRACTS

Comprehensive Report

Reports on Special Topics

综合报告

制导兵器技术发展现状与趋势

一、引言

广而言之，制导兵器是指具有制导控制系统、能够精确高效杀伤敌作战力量、重点打击毁瘫敌方设施、有效防卫国家安全的一类武器系统。本报告主要包括在大气层内飞行、攻击各类静止和运动目标的陆军战术导弹、制导火箭、炮射制导弹药、制导炸弹和巡飞弹等，按产品体系分类如图1所示。

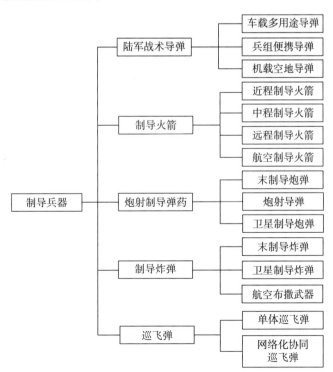

图 1 制导兵器产品体系分类

制导兵器技术学科主要涉及总体、发射、推进、制导控制、毁伤、仿真与测试、试验与评估等专业技术（图2）。为适应日益复杂的战场环境和日益增长的作战需求，远程精确打击、协同突防、多效应毁伤、网络化作战，将成为制导兵器技术学科研究的重点。

制导兵器集成了以信息技术为核心的高新技术成果，在现代战争中发挥越来越关键的作用，成为夺取战争主动权并赢得胜利的重要因素之一。制导兵器是国家科学技术水平的重要标志，制导兵器技术的进步引领着各学科和专业技术的创新和超越发展。

在军事需求的牵引与现代科学技术创新发展的推动下，经过长期发展，我国制导兵器技术取得了重大科研成效。在体系顶层设计、武器系统总体、制导控制系统、结构与电气系统、气动布局与飞行性能设计、制导兵器弹道设计等方面的研究中，我国将现代设计理论、工程研制方法以及新理念、新材料、新技术等进行有效应用与融合，建立了适应现代化新型武器装备研发需求的专业技术体系。近五年，制导兵器学科坚持面向国家重大战略，满足重大军工需求，坚持创新引领，瞄准科技前沿，在多学科协同总体设计技术，光纤、捷联激光、红外图像、惯导/卫星等多模式先进制导技术，非线性弹箭大动态范围飞行控制技术，多脉冲发动机与微型涡喷发动机推进技术，半密闭空间软发射及垂直发射技术等方面，取得了一批具有世界先进水平的原创性科研成果，增强了行业自主创新能力，对我国武器装备的更新换代，产生了巨大推动作用。

本报告从国内最新研究进展、国内外比较分析、发展趋势及对策三个方面，对制导兵器技术重点专业领域的发展状况进行了介绍。首先，回顾总结和科学评价了我国近五年制导兵器学科的新技术、新装备、新成果；其次，在研究国外制导兵器学科最新热点、前沿技术和发展趋势的基础上，重点比较评析了我国与国外先进水平的发展差距；最后，针对我国制导兵器技术学科未来发展的战略需求，提出了重点研究方向及发展对策。

二、国内最新研究进展

陆军战术导弹方面，红箭导弹系列再添新兵，红箭-10、红箭-11相继研制成功，红箭-10实现视距外精确打击，红箭-11实现有限空间发射；直升机载空地导弹具备了空中远程突击精确打击能力；蓝箭无人机载空地导弹实现系列化发展，蓝箭-7、蓝箭-7A、蓝箭-7A1、蓝箭-7B等产品持续满足国际市场需求。

制导火箭方面，远程多管火箭炮70km制导火箭弹、"火龙"480制导火箭相继亮相，制导火箭武器具备了远程面压制、精确压制和精确打击的综合作战能力，形成了制导火箭武器装备体系。

炮射制导弹药方面，末制导炮弹大幅提升了远程精确打击能力；炮射导弹形成了"家族化"产品系列；低成本化卫星制导炮弹取得突破。

制导炸弹方面，推出了多个系列新产品，实现了向模块化、系列化、远程化的重要

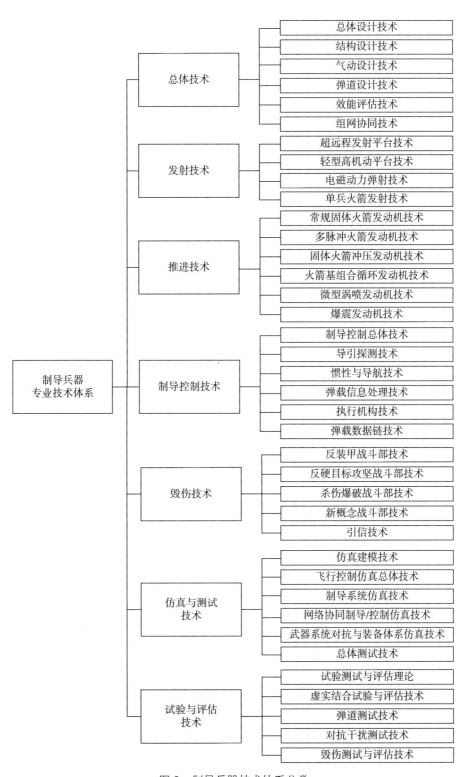

图 2　制导兵器技术体系分类

转变。

巡飞弹方面，突破了武器系统概念、总体技术、长航时动力、组网协同等关键技术，开展了近、中、远程单体巡飞弹工程研制和网络化集群协同巡飞技术的试验验证。

（一）陆军战术导弹总体

陆军战术导弹总体技术是对总体方案设计技术、优化技术和系统集成技术的总称。总体技术水平的高低对导弹产品的实战性能具有重要影响。我国近年来在陆军战术导弹总体技术方面取得了以下重大进展。

1. 车载红箭-10 导弹首次实现空、地多种类目标超视距精确打击

2015 年 9 月，在纪念中国人民抗日战争暨世界反法西斯战争胜利 70 周年阅兵式上，红箭-10 多用途导弹武器系统首度公开亮相。2017 年 7 月，在庆祝中国人民解放军建军 90 周年朱日和沙场阅兵中，红箭-10 导弹再次亮相，展示出优异的实战性能，标志着陆军精确打击能力已经跻身世界前列。

红箭-10 多用途导弹武器系统是我国首型采用光纤图像寻的制导体制，集侦、指、打、评、测于一体的信息化武器系统，可视距外精确打击坦克、装甲车辆、坚固防御工事、低空低速武装直升机和水面船艇等多种类目标，攻击模式多样。它具备信息化程度高、抗干扰能力强、高精度、多功能、强毁伤等先进技术特性，具有越障连续立体打击、适应复杂交战环境、毁伤效果即时评估等新式作战性能，可有效履行攻坚破甲、低空拦截、反船艇、反恐等多样化作战使命，在立体攻防、打击范围、毁伤效能、战场适应性等方面，达到国际同类产品领先水平。目前，采用 8×8 轮式装甲底盘的外贸型红箭-10 多用途导弹武器系统受到了国际社会的高度关注及好评。

2. 兵组便携导弹制导体制多样，实现四微软发射

2017 年 8 月，中国兵器工业集团在包头举行的"装甲与反装甲日装备展示活动"中，一发导弹在大漠戈壁里呼啸发射出筒，精确击中数千米外的坦克，这是我军"红箭"家族的一种新型导弹——红箭-11 轻型多用途导弹的首度公开曝光。红箭-11 采用光学瞄准、激光驾束制导、三点法导引控制，是一种兵组便携、三脚架支撑、卧姿发射的多用途导弹，主要用于攻击近距离的主战坦克、装甲车辆、工事和火力点等坚固点目标。该导弹是我国首型具备在有限空间发射的攻坚/破甲导弹，全系统结构紧凑、作战使用灵活、抗干扰能力强，同时成本较低。导弹系统移植到车载、舰载等平台后，可实现单发或双连发发射，具备击毁带有反应装甲、主动防护系统坦克装甲车辆的能力。

3. 直升机载空地导弹填补陆航远程精确打击能力空白

2017 年 7 月，在庆祝中国人民解放军建军 90 周年朱日和沙场阅兵中，XX-10、XX-9 空地导弹随空中突击梯队亮相。

XX-10 是我国首型直升机载激光半主动寻的空地导弹，具有命中精度高、毁伤力强、

可靠性高、成本低等突出优点，实现了我国直升机机载对地主战武器性能指标与作战使用模式的历史性跨越，极大提高了陆航部队的战场主动权、生存率和毁伤能力。

XX-9 空地导弹以突出的多直升机平台兼容性，装备于现役多型武装直升机和突击运输直升机。综合保障技术的创新应用，极大提高了陆航精确打击武器野外作战保障能力，是目前世界上综合效能比优异的空地导弹之一。

4. 无人机载"蓝箭"空地导弹系列化发展、大批量出口、实战效果好

2018 年 11 月，在珠海国际航展中心举办的第十二届中国国际航空航天博览会上，"蓝箭"家族导弹全数亮相。

蓝箭 -7 系列空地导弹配装于"翼龙"系列无人机平台，形成了蓝箭 -7、蓝箭 -7A、蓝箭 -7A1、蓝箭 -7B 等产品，采用了激光半主动制导体制、破甲战斗部 / 杀爆战斗部、近炸引信 / 触发引信，用于打击装甲车辆、防护火力点等目标。目前，蓝箭 -7 系列空地导弹已实现大量出口，展现出高命中率等优异的实战化性能，享誉国际军贸市场。

（二）制导火箭总体

野战火箭是炮兵中远程火力打击力量的主体，可适应全地形、全天候作战，主要用于打击陆战场各类战术目标，遂行面压制、精确火力打击和火力突击等作战任务。近年来，我国在制导火箭总体技术和工程应用方面取得了重大进展，随着新技术在制导火箭领域的推广应用，制导火箭领域取得了一系列令人瞩目的发展成果。

1. 制导火箭首次实现远程精确拔点，一击致命

新型 70km 制导火箭弹配装于 300mm 远程多管火箭炮武器系统，用以提升远火部队精确火力作战能力，目前已装备部队并形成战斗力。该制导火箭弹的成功研制，标志着我军远程火箭装备实现了从修正控制到全程制导的技术跨越，具备了精确拔点能力，极大地提升了武器系统火力打击效率。

新型 70km 制导火箭采用卫星 / 惯导组合导航体制全程制导，射击精度可以达到米级。同时，在该制导火箭研制中突破了多联装制导火箭一次调炮攻击多个目标、精确攻击姿态控制等关键技术，使得火箭炮具备了在同一射击诸元下，对战场大幅员内多个目标同时实施精确打击的能力。

在 2018 年陆军练兵备战及转型建设集训中，新型 70km 制导火箭弹完成了多目标分散式精确打击、多弹种同时打击相同目标等作战应用演练，作战能力得到充分检验。

2. 远程大威力"火龙"480 制导火箭惊艳亮相国际防务展

"火龙"480 制导火箭是新型大威力制导火箭弹，采用无翼式气动布局、双锥头部外形，战斗部重 480kg，命中精度可达米级，适配于 AR3 型火箭炮，具备对地精确打击能力和多域作战潜力。

该型制导火箭采用卫星 / 惯导组合导航制导，可根据需要选择毫米波 / 激光 / 电视 / 红

外成像末制导；不同于传统抛物线弹道形式，采用高加速与高过载变轨机动弹道，大幅提升火箭弹的机动速域、空域，在实现更远射程的同时，有效增强弹道突防能力；依托野战火箭领域相关技术，在发动机宽温使用，全天候、全地域野外无依托随遇发射方面实现重大突破，武器系统反应速度和作战使用灵活性显著提高。除此之外，在成本控制方面也明显优于同等规模战术导弹。目前，该型制导火箭已在多个国际防务展展出，并与多个国家和地区达成了合作意向。

3. 近、中、远程野战火箭武器装备体系基本形成

野战制导火箭研究领域成果显著，射程覆盖 10~300km，射击精度和作战效能大幅提高，相继推出了"火龙 40/ 火龙 70/ 火龙 140/ 火龙 280/ 火龙 480"系列制导火箭产品。

我国已具备近、中、远程制导火箭自主研发能力，在制导火箭总体设计、制导控制、部组件设计加工制造等方面发展迅速，实现了多联装制导火箭单炮同时攻击多目标弹道规划、末端大落角精确控制等技术的工程应用，实现了全射程范围内的精确压制和精确打击能力，性能基本达到国际领先水平。

4. 航空制导火箭关键技术取得重大突破

我国航空制导火箭技术基本达到国外同等水平，先后突破了制导火箭与直升机 / 固定翼飞机等发射平台的适配、基于捷联导引头和微机电陀螺仪的滚转弹视线角速度提取、低成本大量程弹体姿态测量等关键技术，精度可达米级，实现了从无控向精确打击的转型。制定了激光捷联导引头内外场标定测试和制导舱段性能测试等标准，建立了微机电陀螺仪性能测试和飞行验证手段。

（三）炮射制导弹药总体

常规地面火炮在历次战争中都扮演着重要角色，我国炮射制导弹药正朝着远射程、大威力、高精度方向发展，已实现激光半主动制导、图像寻的制导、卫星制导以及复合制导等技术在炮射弹药上的应用，形成系列化产品，大幅提升了火炮精确打击能力。

1. 系列化激光末制导炮弹大幅提升炮兵远程精确打击能力

我国制导炮弹技术突飞猛进，先后突破了总体设计、弹体抗高过载、弹炮适配性、火箭以及滑翔复合增程和高原适应性等关键技术，成功研制了多口径激光末制导炮弹，实现了我军身管火炮远程化精确打击能力。多款末制导炮弹产品批量出口，经历了实战化考核，在国际维和与反恐作战中表现优异。同时，开展了毫米波等新型制导体制在末制导炮弹中的应用研究，促进了末制导炮弹的系列化发展。

2. 炮射导弹家族大幅提升我军主战坦克远距离精确打击能力

炮射导弹融合了火炮发射技术和飞行控制技术，具有系统反应快、火力猛等特点，实现了直瞄精确打击，可大幅提升坦克火炮作战效能。炮射导弹发展了 100mm、105mm、125mm 三个口径系列产品，主要配备于陆军装甲平台，现已形成装备平台多样化、打击

立体化的发展格局。在"和平使命2016"中、俄、吉联合军事演习中,炮射导弹表现出色。

3. 卫星制导炮弹射程跃升、低成本化成绩斐然

卫星制导炮弹发展迎来新机遇,射程大幅提升,突破了卫星制导炮弹总体设计、大升阻比滑翔增程、卫星/微惯性组合导航、抗高过载电动舵机、空中快速对准等关键技术,实现了MEMS、地磁等测量技术和脉冲发动机控制技术的工程应用研究。155mm卫星制导炮弹等军贸产品,具有射程远、精度高、成本低等特点,国际市场反响巨大。

在卫星制导迫弹方面,120mm卫星制导迫弹采用"卫星定位/地磁+脉冲火箭"的制导控制方案,具有发射后不管、首发命中率高、环境适应性强、可靠性高、成本低等优点,具备一次调炮连续精确打击区域范围内多个目标的实战能力,填补了军贸市场高精度、低成本制导炮弹领域的空白。该产品多次亮相国际防务展,并在实弹表演中表现优异,已大批量出口,获得用户高度认可。

(四)制导炸弹总体

我国在制导炸弹总体技术和工程应用方面取得重大进展,呈现了系列化、多样化、远程化、模块化的发展态势。成建制推出了多个系列的航空制导炸弹系统,形成了航空制导弹药体系。

1. 激光制导炸弹实现系列化发展,显著提升空面精确打击能力

"天戈"系列激光制导炸弹属于我国第二代激光制导炸弹,主要采用激光半主动末制导体制,配备陀螺稳定式激光导引头,替代了第一代的风标式导引头,有效投掷距离增加数倍,制导精度、捕获概率和抗干扰能力大幅提升。自2014年在珠海航展中首次系列展出,目前已形成了涵盖不同口径、不同类型、不同射程、谱系完备的激光制导炸弹家族。制导炸弹射程从十几公里到上百公里,配装于无人机、远程轰炸机等多种平台,战斗部囊括了爆破、破甲、杀伤等多种毁伤类型,可对地面、水面高价值固定目标和移动目标实施有效毁伤。"天戈"系列具备防区外投放、命中精度高、抗干扰能力强、毁伤效果好、作战效费比高等特点,空面精确打击能力和复杂环境作战能力显著提升,能有效履行反恐冲突、大规模空地作战等多样化使命任务,在打击范围和毁伤效能方面达到了国外第三代制导炸弹的水平,演习中命中率达到100%。

2. 卫星制导炸弹多弹种、全射程、全天候、打了不管

"天罡"卫星制导炸弹是我国新研制的高效能、低成本卫星制导武器,实现了制导炸弹领域的新突破。该弹全程采用捷联惯导和卫星双模制导体制,实现了信息闭环制导,极大提升了打击精度和抗干扰能力,并且不受天气状况和战场烟雾的影响。战斗部采用模块化设计,可根据不同使用需求换装杀爆或爆破战斗部。武器系统具有命中精度高、使用条件广、全天候作战等显著优势,可在昼夜及不良气象条件下投放,精确攻击指挥通信中

心、交通枢纽、重要设施、停泊的舰船等多种固定目标，使作战飞机真正做到"只管投放、打了不管"。

滑翔增程型卫星制导炸弹，加装折叠弹翼组件实现气动增程，实现战区外投放和全射程覆盖，在2014年珠海航展上首度公开并引发关注。"天罡"系列卫星制导炸弹总体性能先进，与美国的增程型JDAM（JDAM-ER）性能指标基本一致。

3. 高隐身超远程航空布撒武器，首次亮相国际航空航天博览会

在2018年珠海航展上，我国最新研制的"天雷"2航空布撒武器首次公开亮相即引起国内外广泛关注。

"天雷"2是一种可在敌防区外投放、携带多种子弹药的新型远程精确制导模块化空地武器。该弹采用低成本动力增程方案，最大射程大幅提升。载荷舱具有通用化和模块化特点，可以根据用户需要，单独或混合装载反跑道炸弹、智能雷、末敏弹等多种新型子弹药。全弹采用隐身设计，有效降低雷达反射面积。武器系统作战使用灵活，具备载荷比重大、隐身性能好、超视距攻击、发射后不管、作战效费比高等先进技术特性，可在视距外对敌机场跑道、高速公路、集群坦克、技术兵器阵地、停机坪、电力设施、集群武装人员等多种类面目标实施全天候精确打击，有效遂行地面区域封锁、集群阵地面杀伤、电子设备高效干扰等多样化作战使命任务，技术指标达到国际同类产品领先水平。

（五）巡飞弹总体

巡飞弹是制导弹药技术、无人机技术、信息网络技术交叉融合形成的一类新型智能化制导兵器，具备长时滞空、广域侦察、持久封控与精确打击能力。近年来，我国围绕巡飞弹系统概念、总体技术、专项关键技术与装备研制，开展了技术攻关和演示验证，初步构建了覆盖多种射程和多个发射平台的巡飞弹药体系。在单体巡飞弹装备研制的基础上，重点开展了组网协同、协同感知、动态规划、智能决策与编队控制等关键技术的研究。

1. 巡飞弹具备长航时的察、打一体能力，呈现多样化、系列化发展态势

我国开展了近程/单兵便携式巡飞弹、中远程巡飞弹等多类巡飞弹的技术攻关与工程研制，突破了长航时动力、紧凑型结构设计、气动/结构/隐身一体化设计、数据链、模块化载荷应用等瓶颈技术，在该领域形成了比较完备的技术体系，在发射平台、任务载荷、射程等方面呈多样化、系列化发展，相关产品亮相国际防务展，受到广泛关注。

2018年，我国研制的"飞龙"10巡飞弹武器系统首次亮相珠海航展。该武器系统主要由巡飞攻击弹药、贮运发射筒和便携式手持控制终端组成，具备侦察和攻击能力。它由单兵携行操控使用，隐蔽发射，主要用于遮蔽、反斜面等复杂环境条件下超视距实时空中侦察、目标探测、目标定位、毁伤评估、通信中继等，可对轻型车辆、人员、战场指挥系统等目标实施精确打击，也可用于城市作战。"飞龙"10具有重量轻、尺寸小、成本低、作战使用灵活、打击精度高、隐身性能好、自主化程度高等特点，可大幅提升特战分队、侦察分队、步兵班排及兵组作战能力，是传统火力打击手段的有力补充。

2. 网络化集群巡飞技术取得重大突破，完成多弹协同飞行试验演示

网络化集群巡飞技术主要包括武器系统总体、巡飞弹总体、数据组网、态势感知、协同规划与决策、协同制导与控制等关键技术。协同规划与决策是网络化集群巡飞弹高效完成协同作战任务、充分提升任务效能的大脑，而通过数据组网实现信息共享是发展网络化集群巡飞弹的基本前提。我国已从理论上突破了无中心协同任务分配和路径规划技术瓶颈，开展了协同任务分配、协同路径规划、协同任务决策等技术研究，取得了阶段性进展，成功完成了多弹协同飞行试验演示。数据链系统主要采用集中式或集散式通信架构，能够支持中小规模巡飞弹集群的可靠协同通信，已经完成了地面测试与弹载飞行试验。

（六）制导兵器发射技术

近年来，我国在制导兵器发射技术方面取得长足进步。AR3 型 /SR5 型多管火箭炮系统、红箭 –10 多用途导弹发射车、便携式单兵发射装置等新平台相继完成技术鉴定，共架发射、软发射等关键技术取得突破。

1. 共架发射平台闪耀亮相

多管火箭炮系统具有射程远、威力大、精度高、机动性强和反应能力快等特点，采用通用化发射平台，攻克了大变负载发射系统结构优化与振动控制、燃气驱动闭锁解脱、共架发射、储运发箱、火箭炮网络化及信息化电气接口、一体化火控等关键技术，采用多联装、贮运发一体化箱式发射技术，实现了火箭弹 / 导弹共架发射，成为当今世界上最先进的多管火箭武器系统之一。AR3 型系统射程覆盖 300km，可兼容发射"火龙"140、"火龙"280、"火龙"480 和反舰导弹等多型制导弹药。SR5 型系统可兼容发射"火龙"40、"火龙"60 和反舰导弹等多型制导弹药。

2. 红箭 –10 多用途导弹发射车突破多个"首次"

红箭 –10 多用途导弹发射车是我国首型集"侦、指、打、评、测"于一体的数字化、网络化导弹发射车，实现了机动作战条件下多型导弹同步待发和随遇发射、智能火力打击、自主作战、协同作战、替代指挥。它的成功研制，填补了我军远程反坦克导弹发射车领域的空白，具有深远的军事、社会效益。该导弹发射车自装备以来，在部队实战化演练中表现出优良的性能，极大提升了部队的作战能力。

红箭 –10 多用途导弹发射车选用履带式步兵战车底盘，并做了适应性改进，具有良好的机动性能和通过性；采用顶置式遥控武器站，倾斜箱式发射方式；发射装置方位及俯仰采用电动伺服驱动方式；以综合管理与发射操控系统为核心，实现发射车工作流程管理、设备管理、目标信息获取、信息交联控制、人机交互和导弹发射控制等操作，信息化程度高；拥有全部自主知识产权。该发射车综合性能国内领先，达到国际先进水平，主要体现在：

（1）全新构建了攻坚破甲与低空拦截作战模式，极大提升了数字化武器平台网络化协同水平；

（2）国内首个集直瞄与间瞄打击能力于一体的光纤图像多用途导弹发射车，大大提高了超视距、远程多功能精确打击能力；

（3）首次实现了人在回路光纤可视式连续发射技术，显著提高了火力打击的快速性和灵活性，可同时攻击一个或两个目标；

（4）彩色夜视融合技术、多视窗综合信息技术、集成式多任务操作系统等技术的应用，大大提升了整车人机环境性能。

3. 单兵发射技术亮点频出

单兵发射武器系统致力于提高发射稳定性、隐蔽性、机动性与操作简便性，在后滑缓冲、软发射、智能化、新材料等方面取得新发展、新突破，大大降低了复杂环境对单兵武器系统的影响，提高了武器系统命中率、士兵发射安全性和战场生存率。

后滑缓冲技术的突破使得单兵武器系统由抛筒式、高低压无后坐式发展到同口径非抛离式，降低了单兵武器系统的后座冲量，提高了系统发射稳定性。软发射技术的突破使得最新的单兵武器系统具备有限空间发射能力，具有微光、微声、微烟等优点，能在密闭空间实现隐蔽发射。复合材料等新材料技术工程化应用，减轻了单兵武器系统重量，大大增加了系统射程、毁伤能力、机动性与操作性。单兵武器系统实现了"直瞄直射"平直攻击与"打了不管"曲射攻击模式并存。

（七）制导兵器推进技术

"弹箭发展，动力先行"反映了推进技术在制导兵器发展中的重要性。近年来，发动机相关技术不断突破，其发展有效推动了武器装备性能提升。固体火箭发动机完成了高可靠性、远程中大口径、双脉冲能量管理等技术攻关，突破了宽温环境适应性技术和双脉冲能量分配与优化技术；弹用涡喷发动机完成了适应性飞行试验考核，突破了快速启动、高空适应性、大负荷长航时等技术难题，为吸气式发动机的工程化应用奠定了基础；固体火箭冲压发动机突破了燃气流量调节、长时间热防护等技术，完成了变轨弹道飞行试验考核，接近工程应用水平。

1. 小口径固体火箭发动机安全性研究取得显著进展

发动机安全性和可靠性至关重要，近年来我国系统地开展了小口径固体火箭发动机复杂环境适应性研究工作，完成了包括极限工作压强、极限工作温度、极限环境条件等在内的各种边界条件下的安全性试验研究，验证了小口径固体火箭发动机在复杂环境条件下的极限工作能力。开展了固体火箭发动机低易损性试验研究工作，完成了枪击、快慢烤、破片等不同作用下的响应程度研究。针对复杂型面喷管耦合传热、大变形及大位移下复杂流固耦合、装药结构完整性等问题，建立了流固界面温度仿真、多物理场耦合仿真、装药完整性分析、装药应力应变测试等仿真与试验方法，为发动机工作可靠性与安全性研究奠定了理论基础。

2. 野战化远程中大口径发动机研制成功

野战化中大口径发动机是实现陆军制导火箭远程火力打击的重要保证。随着制导火箭口径、射程的不断增大，野战化中大口径固体动力研制的重要性日益凸显。针对远程制导火箭野战宽温环境使用要求，我国完成了野战化中大口径固体火箭发动机的研制工作。该发动机是目前制导兵器领域口径最大、装药量最多的固体火箭发动机，突破了发动机总体设计与优化、野战宽温适应性、大尺寸装药结构完整性、大尺寸喷管热应力结构完整性、可靠安全点火等关键技术，建立了多界面、多工况装药结构完整性与复合喷管热应力结构完整性模型和评估方法，成功进行了宽温适应性试验和闭环飞行试验，解决了大口径发动机野战宽温适应性问题，产品达到武器化工程应用水平。

3. 高性能双脉冲发动机即将投入使用

双脉冲发动机可多次关机和启动，能够合理分配各脉冲期间的推力和点火时间间隔，实现发动机能量的优化管理和飞行弹道的优化控制，全面提高以该类发动机为动力形式的弹箭武器的机动与突防性能。国内多家单位均长期开展战术双脉冲固体火箭发动机研究，在总体设计、隔离结构设计、仿真与试验评估等关键技术方面获得了较大的技术进步。开展了燃烧室流动、喷管流热耦合烧蚀、隔离装置受力及变形等仿真研究，获得了发动机流动损失特征、传热烧蚀特性、受力特性及点火特性，为双脉冲发动机的工程化设计提供了理论依据。研制了多种类型的硬隔结构（金属、陶瓷式等）与软隔结构（轴向、径向隔层等）双脉冲发动机，完成了相关地面性能验证及飞行试验考核。目前，硬质隔舱式双脉冲发动机即将装备部队使用，软质隔层式双脉冲发动机处于工程化应用阶段。

4. 小型化脉冲矢量控制器达到工程应用水平

脉冲矢量控制器由舱段壳体、脉冲发动机、线路转换器等部件组成。根据弹道姿态修正、控制的要求，脉冲发动机要求体积小、数量多，在弹体控制舱段分数排、呈辐射式排列，在飞行过程中按照控制指令点火，产生控制力以实现飞行姿态的控制。国内研究主要集中在脉冲发动机性能优化方面，建立了点火过程内弹道仿真模型、结构优化设计方法等。依据弹体飞行姿态控制的需求，突破了小装药量低温点火延迟、有限自由容积装药结构优化等关键技术，研制了小型化脉冲矢量控制器，其脉冲发动机选用高燃速推进剂。完成了多路复杂线路连接器的设计与改进优化，建立了弹道摆测、旋转台等试验测试系统。通过环境试验考核了脉冲控制器在冲击、振动环境下工作性能的适应性和结构完整性，以及高速旋转条件下的工作稳定性，产品技术成熟度达到工程应用水平。

5. 高效能弹用涡喷发动机取得重大技术突破

微小型涡喷发动机具有比冲高、成本低、适合长时间巡航工作等诸多优点，可满足巡飞弹在结构尺寸、续航能力及投放方式等方面的要求，在巡飞弹远程化发展中具有重要地位。国内多家单位开展了弹用微小型涡喷发动机的关键技术研究，研制了 100N~1000N 推力的弹用微小型涡喷发动机，所形成的小尺寸高压比离心压气机、短环形高效燃烧室、小尺寸高效率涡轮、全权限数字控制器、进排气系统、燃油系统及微型发电机设计能力，为巡飞弹、小型远程精确制导导弹的发展奠定了坚实的技术基础。

6. 远程高速固体火箭冲压发动机完成变弹道飞行演示验证

固体火箭冲压发动机综合利用了固体火箭发动机和冲压发动机的优势，具有比冲高（可达固体火箭发动机的 3~4 倍）、结构尺寸小、加速性好、机动性强等特点，在体积限制严格的高速远程制导兵器系统上应用前景广阔。国内多家单位开展了固体火箭冲压发动机的研究工作，在内弹道性能预示模型、发动机与弹体一体化设计、燃气发生器流量调节及试验验证等方面取得了显著进展。目前，国内数家单位已研制出飞行试验样机，完成了变轨弹道飞行试验考核，发动机技术成熟度接近工程应用水平。

（八）制导兵器制导控制技术

近年来，在制导控制系统总体设计、探测导引、惯性与导航、弹载信息处理、舵机、弹载数据链等方面开展了大量研究工作，突破了一系列关键技术，相继研制出了小型化红外图像导引头、高精度 MEMS 陀螺与组合导航装置、高频响大扭矩舵机、一体化飞控装置等产品，为我国制导兵器研发提供了重要支撑。

1. 制导控制总体技术取得显著进展

高超声速制导控制技术发展迅猛，远程精确打击能力大幅提升。我国成功完成了远程制导火箭大气层内机动变轨、滑翔增程飞行试验，突破了大空域滑翔增程机动变轨、高超音速静不稳定控制、弹性弹体控制、精确落角控制等关键技术，解决了全攻击区打击控制的技术难题，实现了宽飞行动压范围内机动飞行，大幅提升了弹道急变调整能力。

快速响应控制技术实现工程应用。突破基于脉冲控制器的直接力 / 气动力复合控制、推力矢量控制和垂直发射控制等关键技术，并在陆军战术导弹领域成功应用。

低成本制导控制技术取得突破性进展。突破了卫星 / 微惯性、卫星 / 地磁、激光捷联制导、捷联图像制导等关键技术，提出了低成本制导控制策略和算法，在空地导弹、制导火箭、炮射制导弹药等多个平台上成功应用。

基于能量管理的弹道优化技术进展显著。发展了基于能量管理的弹道优化技术，通过在助推段采用姿态调制机动能量管理和滑翔段的能量管理，实现了助推 – 滑翔弹道全射程范围实时生成与动态规划。

2. 探测导引技术快速进步，取得一批重要成果

激光寻的制导在捷联大线性区导引头及激光四元探测、成像器件与信息处理方面，突破了一系列关键技术，产品性能达到国际先进水平。

图像制导突破了成像敏感器关键技术，成功研制出尺寸为 14μm、分辨率为 1024×768

的非制冷红外探测器、5000×7000 高灵敏新型大面阵可见光图像探测器及大视场捷联图像导引头，大大拓展了图像制导技术在制导兵器领域的应用。

图像制导目标智能分类识别技术快速发展，一定程度上解决了典型地面目标的分类识别问题，实现了对建筑物、坦克等目标的自主识别。

毫米波制导技术目标分类识别水平大幅提高，已应用于对地装甲目标的探测识别。

激光/红外、电视/红外、激光/红外/毫米波等多模复合制导技术取得较大进展，并在部分工程项目中应用。

3. 惯性与组合导航技术取得重大进步

突破了高精度光纤陀螺和高精度石英加速度计技术，研制出了弹载长航时高精度自主导航系统，并经过飞行验证；突破了抗高过载微惯性传感器技术，研制出了抗过载能力超过 15000g 的微惯性导航系统；突破了卫星导航自适应调零抗干扰、旋转弹空中对准、多源自主导航等关键技术，研制出了应用于巡飞弹的微惯性/卫星/无线电高度计组合导航系统和应用于旋转弹的惯性/卫星/地磁组合导航系统。

4. 弹载信息处理一体化集成技术迅速发展

弹载信息处理一体化集成技术研究解决制导兵器目标探测、导航、制导、控制、数据传输、任务规划等功能的集成实现问题，是弹载信息处理技术的重要发展方向，近年来得到了迅速发展。在制导兵器小型化、轻量化的需求牵引下，建立了弹载信息处理一体化软硬件体系架构，突破了弹上资源动态管理、高速信息交互、抗高过载设计、轻量化电磁屏蔽等关键技术，实现了导航、控制、目标跟踪、舵控算法的综合集成和弹载信息处理平台的小型化，研制出微小型弹载信息处理装置，成功应用于微小型制导弹药。

5. 舵机多项关键技术得以突破

突破了电动舵机的轻量化、高功质比技术，实现了功质比达 0.35kW/kg 的电动舵机工程化应用；突破了耐高过载电动舵机技术，抗过载能力达到 18000g，已在制导炮弹领域工程化应用；突破了空气/燃气复合电动舵机技术，增强了制导兵器初始段操纵能力，已在陆军战术导弹中成功应用；突破了 27mm 小型化电动舵机技术，为微型制导弹药研制提供有力支撑；突破了定脉宽舵机控制技术，有效降低电动舵机功耗，提高舵系统综合工作特性；正开展压电双晶片形变材料新概念舵机驱动技术研究，为增程制导弹药原理样机研制提供技术支撑。

6. 弹载无线数据链抗干扰能力大幅提升

在弹载无线数据链技术方面，突破了弹载无线图像/指令双向数据链传输技术，实现武器站与导弹之间的信息交互，图像与指令传输延时大幅降低，使导弹具有了发射后锁定、发射后重瞄、"人在回路"制导、毁伤评估等功能。突破了抗毁伤无中心自组网技术，实现多枚导弹间的无线通信；采用跳频、扩频、定向天线等抗干扰技术，大幅提升了链路抗主被动干扰的能力。

（九）制导兵器毁伤技术

1. 反装甲战斗部系列化发展能力持续提升

近年来，我国破甲战斗部技术、串联破甲战斗部技术、爆炸成型弹丸战斗部技术、高度动能穿甲战斗部技术和多模战斗部技术快速发展，已具备摧毁国外先进坦克装甲能力。我国红箭系列反坦克导弹所配装的串联破甲战斗部，具备打击现役主战坦克装甲能力。末敏弹与智能雷所配装的爆炸成型弹丸战斗部可摧毁目标顶装甲、侧装甲和底装甲。

2. 攻坚战斗部技术发展迅猛，侵彻能力大幅度提升

在需求牵引下，先进侵彻战斗部结构设计技术、不敏感高能装药侵彻攻坚战斗部技术和超高速侵彻数值仿真技术等方面，正在快速发展，取得一批卓越的成效。我国远火武器平台用侵彻战斗部早已列装部队，在重大军事行动中发挥了举足轻重的作用。经过多年攻关，制导兵器用攻坚战斗部技术日臻成熟，解决了诸多瓶颈性难题。制导深钻侵彻弹所配装的攻坚战斗部，能有效摧毁各类永备工事和后勤设施，如各类碉堡、火炮工事、观察所、前沿指挥所、地下油库、各类建筑物和敌前方机场跑道等目标。我国某型制导侵彻战斗部采用弹道拉升增速、次口径动能侵爆战斗部等技术，突破了深侵彻和自适应起爆控制技术，对混凝土靶侵彻深度达数米，打击多层靶，实现了跨越式发展。

3. 高能炸药应用于大当量杀爆战斗部，对高价值面目标毁伤幅员持续提升

杀伤爆破/杀爆战斗部是兼顾杀伤与爆破两种毁伤效应的战斗部类型，主要用于防空、反辐射、杀伤敌有生力量和技术装备。目前，高能炸药、活性破片、高强度钢等材料技术的发展是杀爆战斗部技术进步的重要推动力量，国内在大当量温压炸药装药战斗部、活性破片、高强度钢高均匀破碎、预制破片驱动及控制和动爆毁伤威力试验与仿真等方面快速发展，取得一批显著的成效。

（十）制导兵器仿真与测试技术

1. 通用化仿真平台设计能力大幅提升

通用化仿真平台主要包含了仿真建模、系统集成、实时仿真计算机、网络通信基础性技术。随着制导兵器向远程化、全向攻击、变轨机动、高精度控制等方向进行发展，将高精度动力学模型、协同制导控制仿真模型以及导弹弹性弹体飞行力学仿真模型引入制导兵器仿真领域，同时开展了飞行器多场耦合仿真模型、高超声速飞行器性能仿真模型等前沿建模技术的研究，进一步提升仿真能力。

2. 具备多种制导体制仿真能力

制导系统仿真技术主要包括电视/红外图像制导仿真技术、激光制导仿真技术、毫米波制导仿真技术、卫星/地磁/惯性组合导航仿真技术以及网络协同制导仿真技术等。

（1）图像制导仿真能力

重点发展了长波红外仿真技术、动态场景建模与生成技术、观瞄／制导一体化红外图像制导仿真技术。建立了侦察指挥一体的图像制导武器系统级半实物仿真系统，解决了惯导／图像导引头一体化集成仿真、多发导弹连续发射仿真、观瞄图像与导引头图像一体化仿真等关键技术。

在图像制导仿真系统中，研制更接近于真实目标和背景的动态场景生成器，是图像制导仿真的关键技术之一，目前，我国已研制出高分辨率目标模拟器，并在制导系统仿真中应用。

（2）毫米波制导仿真能力

具备了毫米波制导系统闭环仿真试验能力。建立了毫米波制导仿真系统，对回波来波的模拟进行了射频模型仿真，取得了一系列成果。

（3）卫星／惯导组合导航仿真能力

我国构建了卫星／惯性组合导航制导仿真系统，突破了卫星导航信号实时模拟、卫星干扰信号生成、加速度信号实时注入、高精度时钟同步、卫星信号与仿真系统同步解算、大容量多通道数据实时通信等关键技术，为卫星／惯导类制导兵器的研制发挥了重要作用。

3. 武器系统对抗与装备体系仿真系统取得长足进步

我国在仿真体系结构、视景仿真、毁伤仿真、军事仿真模型体系等技术方面取得了长足进步，开发了多款仿真平台工具。在仿真装备和系统层面，开发了多层次的作战模拟训练系统。

（十一）制导兵器试验与评估技术

近5年，制导兵器试验测试与评估技术重点围绕试验测试与评估理论方法、弹道测试技术、虚实结合试验与评估技术、对抗干扰测试评估技术和毁伤测试与评估技术展开。建立了以序贯网图检验理论为代表的试验测试与评估理论，具备了超音速火箭橇试验测试条件，构建了导引头、数据链等挂飞动态模拟系统，围绕激光半主动、红外图像、毫米波雷达等制导体制，形成了制导性能测试规范，建立了目标特性数据库，破片飞散场、冲击波超压场以及实战动态打击效果等毁伤测试与评估手段不断发展完善。制导兵器试验测试与评估技术，对保障高新技术制导兵器武器装备研制生产、国防科技创新发展和军工核心能力体系化建设的顺利进行，加速在役装备的升级换代，实现制导兵器装备的自主创新、自主研发、自主保障和提升国防科技工业核心能力产生了重大推动作用。

1. 高价值制导兵器试验测试理论体系初步形成

制导兵器与常规弹药相比，由于其制导控制与精确高效杀伤的特性，试验测试理论方法与常规兵器不同。针对新型制导体制导弹，在实弹射击基础上发展了成功率点估计、脱靶量方差的检验理论，固定域落点概率区间估计理论，形成了独立重复性抽样试验规范、二次抽样试验规范。目前采用半实物模拟仿真试验与计算机仿真试验技术，确立靶场定型试验与工厂鉴定相结合、系统飞行试验与计算机仿真试验相结合、系统飞行试验与模拟试验相结合的一体化试验测试理论方法，建立了以序贯网图检验理论为代表的试验测试与评估理论，对不同阶段、不同试验方法获取的数据进行分析、认证、综合，达到了降低试验消耗、缩短试验周期、增加试验信息的目的。

2. 远距离网络化试验测试手段不断提升

针对制导兵器打击距离越来越远、飞行速度越来越快、智能化程度越来越高的特点，试验测试技术也不断提升。例如超高速飞行导弹地面动态模拟试验，具备了速度 3 马赫以内的火箭橇试验测试，这种介于实验室试验和飞行试验之间的高动态地面模拟试验技术，能够有效解决武器系统研制过程中的相关功能考核及性能评估问题。并且研制了一系列光测、雷达、遥测等测试设备，实现了全弹道坐标测试能力和关键段姿态测试能力，形成了600km 范围的弹道组网测量，具备了光测、雷测、遥测、高速录像等多种信息实时共享、接力测量和网络化数据融合处理能力。

3. 复杂环境对抗干扰试验评估技术逐渐完善

制导兵器面临的作战条件越来越严酷，既有传统的气候、力学环境和烟、光、尘等战场背景，更多的是各种电磁、激光、红外等敌我双方主动干扰与对抗环境。为了实现贴近实战条件考核武器装备的性能，须建立武器装备在全寿命过程中相应的复杂环境模拟方法、监测手段与考核评估标准。

围绕激光半主动、红外图像、毫米波雷达等制导体制，形成了制导性能测试规范，建立了典型目标特性数据库，开展了不同制导模式制导兵器试验测试与评估方法研究，有针对性地开发了多种对抗干扰试验测试设备，形成了相应的试验方法。

4. 毁伤测试与评估技术发展迅速

在传统静爆炸破片飞散场、冲击波超压场、爆炸温度场等毁伤元试验测试与评估技术基础上，实战化的毁伤测试与评估，要求试验测试手段能覆盖较大的打击区域，能满足陆战场、海战场等多种实际作战环境，能测试机载发射、车载发射、火炮发射等多种发射方式，能适应多批次、快节奏打击模式，能将试验测试影像视频与毁伤评估结果等数据快速传输到试验指挥部，能在实弹打击落点位置不确定的条件下，保障人员与设备的安全，具有小型化、机动化、网络化、快速集成化等特征。近年来，随着军事训练和演习的开展，制导兵器实战动态打击效果测试技术发展迅速，动态毁伤测试与评估手段不断发展完善。

三、国内外比较分析

（一）国外制导兵器技术主要进展

1. 陆军战术导弹领域

兵组便携导弹方面，典型装备有美国的"标枪"、以色列的"中程长钉"等，重量 11.8~13.3kg，射程 2km。已装备的微小型导弹有以色列的"迷你长钉"，正在发展的有美国的"销钉"、MBDA 公司的"狙击手"和"强制者"导弹，重量 0.9~4.5kg，射程 1.2~2.5km。国外单兵便携导弹以"射后不管、寻的制导"为主要发展方向，同时具备轻量化、小型化、有限空间发射及弹道形式多样化等能力。

车载多用途导弹方面，主要装备有美国"陶"2A、以色列"远程长钉"、俄罗斯"短号"和法国 MMP 等，射程 4~26km，速度从亚音速到超音速。在技术储备上，美国研发了"精确攻击导弹"（PAM），最大射程 40km，可连续、快速发射以及全向攻击，代表了陆军中近程精确攻击导弹技术的先进水平。

直升机载空地导弹方面，典型装备有美国的"陶""海尔法""长弓海尔法""联合空地导弹"（JAGM），法国的"霍特"导弹，俄罗斯的"旋风"（AT-16）导弹和以色列 NT-D 导弹。最新产品以美国"联合空地导弹"（JAGM）为代表，采用激光半主动/被动红外/主动毫米波三模复合制导和多功能战斗部，最大射程 16km，具有信息化协同和射后不管的作战能力，任务适应性强，海陆空三军通用。

无人机载空地导弹方面，典型装备为美国的"海尔法"系列反坦克导弹，包含 AGM-114P/M/N/R 等不同种类，配备"捕食者"等中型察打一体无人机，向攻击多种目标、更大攻击包络等方向发展。其最新装备为"联合空地导弹"JAGM，适应多种空中平台、多种作战环境。此外还有为小型无人机平台研发的"格里芬""蝎子"等小型制导弹药，以满足小型无人机武装化的需求。

2. 制导火箭领域

目前世界上最先进的野战火箭武器系统为美国的 M270 火箭炮系列，包括履带式 M270、M270Al 和轮式 M142"海玛斯"高机动火箭炮。其中，"海玛斯"火箭炮可通过运输机实现全球快速部署。通用化 MLRS 系列弹药包括 M26 系列非制导火箭弹、M30 子母式战斗部 GMLRS 制导火箭弹、M31 整体式战斗部 GMLRS 制导火箭弹和 610mm 陆军战术导弹，可完成 10~300km 范围内的作战任务。

2016 年开始，美国在 M270 火箭炮平台上发展"精确打击导弹（PrSM）"，用于取代原"陆军战术导弹"（ATACMS）。该型导弹采用箱式发射，每箱两发导弹，对外宣称最大射程 499km，具备点面结合打击能力。导弹设计采用开放式系统架构，易于后续系统升级；配备信息安全设备，具备卫星区域拒止条件下的作战能力。2018 年，美国进一步提出拟发展射程达 1852km（1000 海里）的战略远程火炮（SLRC），以及射程达到 2253km（1400海里）、速度达到 5 马赫的陆基高超声速导弹。

俄罗斯的野战火箭技术近年来无显著进展，射程能力仍处于 90km。但其配装于陆军部队的"伊斯坎德尔"战术导弹系统性能优异，射程超过 500km，可兼容发射 M 型弹道导弹和 K 型巡航导弹，M 型弹道导弹战斗部重量达 700kg。

航空制导火箭主要为英国 BAE 系统公司研发制造的半主动激光制导火箭弹"先进精

确杀伤武器系统"（APKWS Ⅱ），射击精度达 0.5m，具备点打击能力。

3. 炮射制导弹药领域

末制导炮弹方面，美、俄等国早在 20 世纪 80 年代就开发研制了各类激光制导炮弹，典型代表有苏联的"红土地""米尺""勇敢者""捕鲸者"2、"捕鲸者"2M、"红土地"M 激光制导炮弹。目前俄罗斯的制导炮弹基本以激光末制导炮弹为主，实现了 120、122、152mm 等口径火炮激光末制导炮弹系列化发展，并装备部队形成作战能力，可实现 3~20km 内的精确打击。美国在 80 年代研制完成"铜斑蛇"155mm 激光末制导炮弹后，并未在激光末制导炮弹领域继续发展。

卫星制导炮弹方面，20 世纪 90 年代以来，随着卫星导航定位技术和微机电技术的成熟和应用，美国率先对这两大技术难题进行研究，并将其应用到制导炮弹。目前，美国陆军装备的 155mm "神剑"制导炮弹，采用滑翔增程技术，射程 10~50km，制导方式为 GPS/INS，圆概率误差 10m；美国海军 LRLAP 型 155mm 舰炮远程对陆攻击炮弹，采用火箭助推 + 滑翔增程技术，最大射程达到 120km。法国也研制了适合陆军、海军 155mm 火炮发射平台的"鹈鹕"远程制导炮弹，采用火箭助推 + 滑翔增程技术，最大射程可达 85km，制导方式为 GPS/INS，圆概率误差 10m。英国 155mm "低成本制导弹药"（LCGM）可满足陆基和舰载火炮发射需求，最大射程 100km，圆概率误差不大于 30m。

4. 制导炸弹领域

激光制导炸弹方面，典型装备有美国的"宝石路"Ⅱ、"宝石路"Ⅲ以及俄罗斯的 KAB-1500LG 系列激光制导炸弹。美国持续对"宝石路"Ⅱ、"宝石路"Ⅲ进行技术改进，例如，采用多模制导体制提高其抗干扰能力，加装 INS/GPS 制导组件形成增强型"宝石路"Ⅱ、"宝石路"Ⅲ。南非的"闪电"制导炸弹采用末制导模块可更换设计，用户可根据战场实际情况灵活选择红外、电视、半主动激光和半主动雷达制导等末制导模块。国外的激光制导炸弹以多模制导体制为主要发展方向，同时增强远程打击和抗干扰能力。

卫星制导炸弹方面，主要装备是美国的"联合直接攻击弹药"（JDAM）和俄罗斯的 KAB-500S、KAB-250S 卫星制导炸弹。美军对 JDAM 持续改进，增加激光导引头，发展 L-JDAM（Laser-JDAM）；制导系统由 5 路 GPS 信号通道提升为 12 路，提高抗干扰能力；将"钻石背"气动组件与 JDAM 结合，发展增强型 JDAM。俄罗斯 KAB-500S 采用 GLONASS 卫星和惯性复合制导，可发射后不管，用于攻击静止的面目标，是俄罗斯在叙利亚使用最多的武器弹药。KAB-250S 具备全天候、全时段、机动性强和射程远的特点，适于苏 -34 战斗机和 T-50 战斗机内部弹舱挂载。

航空布撒武器方面，国外主要装备是美国的"联合防区外武器"（JSOW）。JSOW 经过不断改进，加装小型发动机形成增强型 JSOW（JSOW-ER），最大射程超过 480km。JSOW-C 是 JSOW 的重点发展型号，采用 BLU-111/B 侵爆战斗部。自 2014 年以来，JSOW-C 参加了一系列海上试验和军事演习。2017 年 10 月，美国海军证实所有海军战术中队已列装 JSOW-C。

微小型制导炸弹方面,"小直径制导炸弹"(SDB)是美军重点发展的一种新型精确制导炸弹。具备体积小、重量轻、打击精度高、射程远、附带损害小、制导技术先进等优点,目前已经发展了三代(SDB-Ⅰ、SDB-Ⅱ、SDB-Ⅲ)。SDB-Ⅱ的三模导引头具备自动目标识别能力,提高了战场适应能力和抗干扰能力,还具备双路数据链传输系统和自动瞄准识别系统,具备全昼夜、全天候、防区外发动攻击的能力。另外,国外还在大力发展微小型制导炸弹,包括美国的"手术刀"(Scalpel)小型制导炸弹、GBU-69/B"微型滑翔制导炸弹"(SGM)、"圣火"(Pyros)小型制导炸弹、"短柄斧"(Hatchet)极微型制导炸弹以及 GBU-44"蜷蛇打击"卫星制导炸弹等。其中,GBU-69/B 长 1.06m,弹径 11.4cm,总重 27kg,弹头重 16kg,采用模块化设计,可以方便地改进为多种变型。此外还有欧洲导弹集团开发的"军刀"微型精确制导炸弹。这些微小型制导炸弹适应多种空中平台和作战环境,满足高精度、快速打击、高效毁伤等作战需求。

5. 巡飞弹领域

巡飞弹是面向信息化、网络化、智能化与体系化作战需求的一种新型智能弹药。自 1994 年美国首次提出巡飞弹概念以来,巡飞弹技术与装备引起了全世界的广泛关注,美国、俄罗斯、以色列、英国等军事国家都陆续开展巡飞弹的技术攻关与装备研制。目前,国外已经装备或正在研发的巡飞弹主要包括侦察型和侦察攻击型两大类型。

侦察型巡飞弹携带光学或雷达等侦察载荷,在目标区上空执行侦察、监视和毁伤评估等侦察类任务。典型装备包括俄罗斯 KP-30 巡飞侦察弹(含 R-90 巡飞侦察子弹),美国陆军"快看"巡飞侦察弹以及以色列"陨石"系列巡飞侦察弹。

侦察攻击型巡飞弹携带导引头和战斗部,具备对目标的侦察、定位以及精确打击能力。以美国"弹簧刀"巡飞弹、英国"火影"巡飞弹与以色列"英雄"巡飞弹族为代表。它们已装备部队并应用于实战,其射程 10~300km,巡飞时间 30min 至 3h,战斗部质量 0.5~25kg。

随着网络化技术以及人工智能技术的发展,巡飞弹单体智能化水平不断提升,巡飞弹与小型无人机技术相互渗透融合,网络化集群协同作战成为巡飞弹装备发展的重要方向。目前,美国和欧洲均在集群作战技术方面进行了前沿技术与基础理论研究,并陆续开展了关键技术飞行试验验证。美军"郊狼"巡飞弹利用任务规划系统指挥无人集群协同作战,实现对目标的饱和攻击。该项目于 2015 年完成演示验证工作,实现了 9 枚巡飞弹完全自主同步和编队飞行的技术验证。美国空军的"山鹑"(Perdix)项目重点演示多机动态组网、动态规划和协同作战技术,2017 年实现了 103 架微型无人机的协同控制、导航、聚集与分散等动态飞行验证试验。美国 DARPA 的"小精灵"项目在防区外发射携带侦察或电子战载荷、具备组网与协同功能的无人蜂群,用于离岸侦察与电子攻击任务,并在 2018 年完成多架无人机的空中回收试验。美国于 2015 年开始的"拒止环境协同作战"

（CODE）项目已完成了系统综合集成和飞行试验测试，系统具备在线动态任务规划能力，当前正在开展更大规模的集群自主飞行试验。欧洲防务局于2016年启动"欧洲蜂群"项目，致力于突破无人蜂群的任务自主决策、协同导航等关键技术，支持无人集群完成信息中继、通信干扰、目标跟踪等作战任务。

（二）制导兵器技术国内外差距

我国制导兵器技术与国外发达国家的技术差距，主要表现在：

1. 战术导弹总体

战术导弹发展体系规划方面，我国陆军战术导弹体系研究还不够深入，对陆军战术导弹及制导兵器发展还未起到重大技术引领作用。

火力打击指挥网络化智能化方面，我国近年在战场环境互联互通，多层次、可变节点、数字化、网络化、分布式指挥控制系统构建方面，已经取得较大进展，但在战场智能感知、情报共享，智能化认知通信及组网，智能化辅助决策与指挥控制等方面仍需进一步提升。

战术导弹体系化、协同作战方面，我国针对同构制导兵器系统开展了协同任务规划、协同制导控制等理论与方法研究，进行了协同飞行试验验证。但在异构制导兵器协同作战、制导兵器协同部署等方面仍存在差距，亟待面向未来智能化、无人化与网络化协同作战需求，深入开展组网协同、集群协同作战方面的理论、技术和体系构建研究。

战术导弹多学科综合设计方面，我国制导兵器多学科系统设计水平还处于发展过程中。我国在制导兵器领域的高精度学科分析模型库建设力度还不足，在设计中仍主要依赖工程估算与专家经验，学科分析模型的颗粒度有待进一步提升，且未能充分挖掘长期工程实践中积累的大量数据。

2. 制导火箭总体

存在中程火箭炮平台制导火箭射程能力不足、弹药有效载荷系数偏低、高超声速打击能力欠缺、无控航空火箭制导化改造进展缓慢等问题。例如，美国M270多管火箭炮系列配备的"陆军战术导弹"（ATACMS）在海湾战争期间已经实战应用，最大射程达到300km。而目前我国在中程火箭平台上发展的制导火箭最大射程约60km，远程精确打击能力只有国外强国的20%。同等射程条件下，我国现阶段火箭弹战斗部占全弹重量比基本集中在25%左右，而美国可以做到超过30%。在具有"改变游戏规则"作用的高超声速弹箭领域，美国陆军发展了AHW高超声速助推－滑翔技术，并正在积极发展速度达到5马赫的陆基高超声速导弹，我国在高超声速制导火箭领域存在不小的差距。在航空制导火箭领域，我国的航空制导火箭均为新弹种重新设计，使用方式与空地导弹比较接近，且由于制导控制部组件一体化的集成设计技术能力不足，制导控制部组件体积重量较大，尚不具备直接对库存无控火箭弹进行制导化改制的技术实力，也无法直接采用无控航空火箭的发射使用方式。

3. 炮射制导弹药总体

远射程方面，美国"神剑"制导炮弹射程超过 50km，LRLAP 型 155mm 舰炮远程对陆攻击炮弹最大射程 120km，而我国已研制的制导炮弹射程相对较近。部件小型化、低成本方面，国外已研制出了适用于制导炮弹的小型化、低成本惯性部件，抗过载能力达到 18000g 以上，而我国抗过载惯导产品在性能、价格、体积方面与国外还存在差距。弹炮适配性方面，美、法、俄对火炮发射内弹道、发射环境与平台匹配性等基础技术开展了深入研究，并取得大量成果，而我国还需进一步深化基础技术研究。

4. 制导炸弹总体

国外经过多年发展，已突破众多关键技术，重视低成本、模块化、系列化发展，形成了种类覆盖全面的制导炸弹装备谱系。我国制导炸弹起步较晚，虽已研制出多个口径、多种制导模式的产品，但谱系还不齐全，通用化、模块化程度还有待提高。

5. 巡飞弹总体

目标探测识别方面，我国巡飞弹受限于目标自主探测识别技术水平，难以实现自主作战，智能化水平还有待提升。亟待引入机器学习、数据挖掘与多传感器融合等前沿技术，进一步开展目标特性建模分析、目标自主探测与智能识别技术研究，全面提升巡飞弹对目标的有效探测与精准识别能力。巡飞时间方面，我国巡飞弹的战场续航能力与国外相比有一定差距，需要进一步提高巡飞弹药总体技术和动力技术水平，通过改善升阻特性、降低巡飞能耗，提升巡飞弹续航能力和作战灵活性。网络化集群协同作战方面，相比美国等军事强国，我国网络化集群巡飞技术在体系架构、集群规模、自主能力、人弹协同、任务复杂度等方面仍存在差距。亟待面向未来网络化体系作战的需求，进一步细化集群巡飞系统概念，引入人工智能等前沿技术，深入开展基础理论研究，突破关键技术，着力推进前沿新技术的工程验证。

6. 发射技术

发射平台方面，尽管我国陆用野战火箭炮技术已处于世界先进水平，但在高机动性、信息化水平、再装填技术等方面仍需持续改进。我国的遥控武器站相比国外已无代差，但在智能武器站尤其是无人武器站方面，我国刚开始进行技术探索，尚处于预研阶段，在目标智能感知与自动跟踪、智能发射控制、动态精确打击等智能化技术以及系统集成化、模块化等方面仍需持续探索。

发射技术方面，我国的反坦克导弹武器系统在垂直发射方面还处于技术攻关的预研阶段，尚未形成装备，在垂直发射技术、快速转弯控制技术、动态对准技术、模块化快速装填技术等方面仍需持续投入。我国的单兵武器在"发射后不管"、有限空间发射能力等方面相比国外已无代差，但在标准化、模块化、通用化、系列化以及智能化方面仍有发展空间。

7. 推进技术

固体火箭动力安全性方面，国外固体火箭发动机总体设计与基础理论研究水平先进，针对复杂战场环境与多任务多作战平台，在可靠性、安全性、环境适应性等方面水平更高，武器系统的实用性、好用性更强。我国针对复杂战场环境适应性、多平台适应性、安全性等关键技术已开展相应研究，需进一步完善设计准则与评估体系，实现产品的好用、实用。双脉冲动力方面，国外已有数型装备采用软隔双脉冲发动机，我国硬隔双脉冲产品即将装备部队使用，软隔双脉冲技术正处于工程化应用阶段。

吸气式动力方面，国外微小型涡喷发动机形成了多型产品，技术成熟度高，积累了丰富经验。我国形成了多种推力级别的涡喷发动机产品，基础及技术储备均有较显著的进展，需在机弹一体化设计优化、低油耗核心机、系统集成与应用、系列化发展等方面进一步发展。国外固体火箭冲压发动机已形成多型产品，数型产品装备部队使用。我国固体火箭冲压发动机的研制接近工程应用水平，需进一步发展高调节比燃气流量调节技术、高热值贫氧推进剂技术等关键技术。其他组合动力形式如空气涡轮火箭发动机、爆震基组合发动机等，国外均已完成飞行演示验证，开始向工程应用迈进；我国组合动力技术已完成原理样机研制，众多关键技术已突破，即将开展飞行演示验证。

8. 制导控制技术

制导控制总体设计方面，国外制导兵器系统在创新作战理论指导下，围绕军事需求，开发出了一系列新概念精确制导武器。而我国制导兵器系统尚未形成自创性的发展体系，在激光雷达制导、惯性/SAR组合制导、太赫兹制导及地磁/惯性/BD组合制导等方面正在开展制导技术应用研究。

探测导引技术方面，我国在伪装、隐身、低辐射特性目标的探测识别、射频制导前斜视成像、产品集成度和稳定性等方面亟待提高，共口径复合探测、高维度目标背景特性、多模信息融合、组合抗干扰等关键技术需进一步提升，多模复合制导的性能测试、评估方法需进一步健全。

惯性与导航技术方面，我国虽然已经基本掌握了高性能微机电惯性传感器的表头设计技术，但是在后端高性能信号调理所需的AISC电路设计、封装测试工艺、工程化应用等方面能力不足。在高精度半球谐振陀螺、原子陀螺所用的新型惯性传感器技术方面，尚处于研究起步、产品空白阶段。组合导航技术原创性及工程应用实际性能与国外存在差距，需进一步开展高精度惯性导航系统的精确标定补偿、各种特定条件下的初始对准、高动态条件下的高精度组合导航等关键技术的研究，加强惯性/卫星紧耦合导航算法、地磁或卫星导航信号的抗干扰理论、大转速条件下的测姿与定位等技术攻关。

弹载信息处理器技术方面，我国处于分设备独立开发向一体化集成设计发展的过渡阶段，理论和实践基础相对薄弱，相关技术的发展参差不齐，弹载综合信息处理技术缺乏整体体系架构，系统功能密度低，总体技术水平和平台性能不高。为适应制导兵器的低成本、小型化、高过载需求，我国研发了单核与多核的 SOC 系统、SOPC 芯片，但在性能和体积小型化等方面与国外还存在一定差距。我国微系统集成还处于起步阶段，自主研制高性能微处理器的能力不足，生产工艺与国外有较大差距，限制了微系统性能的进一步提升和体积的进一步减小。

新型舵机技术方面，美国成功研制出了微型舵机及各类超声波舵机，用于 40mm 直径"长矛"导弹、56mm 直径的"长钉"导弹、12.7mm 激光制导枪弹，处于世界领先水平。我国对小型化舵机和超声波舵机的研究起步较晚，尚停留在实验室技术预研层面。

9. 毁伤技术

在反装甲战斗部技术方面，串联破甲弹和杆式穿甲弹的毁伤威力已达世界先进水平，面对爆炸反应装甲、格栅装甲和主动防护系统等先进装甲目标，战斗部结构装药匹配尚需进一步优化，需加速高威力炸药和新型弹体材料的工程应用，推进高威力串联破甲弹和杆式穿甲弹的发展。

在反硬目标深侵彻战斗部技术方面，大装填比、高过载、强冲击条件下装药安定性尚未完全解决，其涉及高能抗高过载炸药应用、高能炸药包覆和战斗部结构优化设计等诸多因素，制约了大威力深侵战斗部的发展。

在杀爆战斗部技术方面，高能能量释放特性与结构性能表征、能量释放规律和控制方法、不敏感机理和安全标准等基础和应用研究方面缺乏系统性，导致杀爆战斗部的毁伤威力弱于欧美等强国。毁伤效应可调、定向起爆、易损部位识别、引信与指控平台信息交联等技术不足，致使杀爆战斗部效能难以有效发挥。

10. 仿真与测试技术

仿真建模方面，国外仿真由多学科独立协同仿真向多学科耦合仿真发展，已具备多场耦合（电磁、流体、振动、噪声耦合分析）仿真能力，形成了多个仿真软件工具和应用系统，并建立了针对大型柔性飞行器仿真的六自由度运动方程与几何非线性气动弹性耦合方程，而我国在这方面处于起步阶段。

图像制导仿真方面，我国图像制导在波段、帧频以及分辨率方面仍落后于欧美发达国家，多模复合仿真存在着不小的差距。国外已能够生成十分逼真的红外场景，我国虽然已具备了部分红外场景生成能力，但还需进一步提升。

武器系统对抗与体系仿真置信度方面，美国均处于世界领先，而我国需加强毁伤效果及训练仿真的可信度、实时渲染逼真度、智能建模及战场效果评估等技术研究。

11. 试验与评估技术

虚实结合一体化试验与评估技术方面，美军试验测试与评估正在从基于节点的试验向基于过程的试验转变，从实体试验向虚实结合转变，从平台为中心向网络为中心转变，从单件装备向装备体系转变。与之相比，我国在测控网远程覆盖、并行任务保障、信息化指控、实战化考核要素、体系试验与试训综合保障、跨区域联合测试评估、复杂战场环境构建，以及虚实结合试验等方面，尚存在诸多差距。

对抗干扰测试与评估技术方面，美国已经建成了智能弹药抗干扰性能试验测试中心，逼近实战环境进行武器系统适应性试验，制导武器在装备前完成了大量对抗干扰测试。而我国制导武器装备的复杂电磁环境效应试验结果分析与评估技术研究，尚处于起步阶段，武器系统应用较少。

毁伤试验与评估方面，国外已形成统一的毁伤测试评估标准、体系和平台，内嵌有多种制导兵器毁伤效能数据。我国形成了相关测试技术和试验方法、试验标准规范，积累了部分威力试验数据，但在弹药动态作战能力测试、动态威力场测试及武器装备毁伤性能评估等方面，尚需完善。

四、发展趋势与对策

（一）发展趋势

1. 制导兵器总体技术

（1）向体系化、信息化、智能化深度发展

体系对抗已发展成为现代战争的基本作战模式，各作战要素依托体系高效聚能。以网络信息技术、人工智能技术为支撑，通过战场信息的快速传递和高度融合，使得制导兵器武器随时可以对复杂多变、动态流动的战场情况作出及时有效的响应，弥补作战行动计划与战场态势间的"时间差"，实现火力、机动力、指挥力在速度和精度上协调一致，解决联合攻击在时间轴上的同时并发问题，在能量轴上的冲突抵消问题，在思维轴上的统一认知问题。

通过体系化、信息化、智能化的深度发展，实现多系统、多单元、多要素的深度融合，构成一体化协同联动的精确打击体系，使整个作战体系在时空上紧密衔接，在效能上优势互补，在行动上整体联动，充分发挥体系的整体作战优势和综合作战效能，是有效应对未来智能战争的必然要求。

（2）射程更远、速度更快、精度更高、突防及抗干扰能力更强

随着现代战场物理空间急剧膨胀，战术范围内主战兵器的作用范围已延伸至数十、数百千米，坚固目标、时敏目标众多，敌方人员和武器装备生存能力强。通过远程毁瘫可对敌形成非对称作战和非接触打击的优势，使我军始终保持"我打得到敌、敌够不着我"的有利态势。针对时敏目标，速度就是战斗力，通过短时迅即打击，能有效歼灭敌机动的兵力兵器，制止敌人动中突击。针对坦克、防御工事等坚固目标，打击方式必须由整体杀伤向更小粒度方向发展，锁定目标的关键细部点位、精准"点穴"制敌，从根本上解除其战斗力。随着电子干扰技术，坦克、装甲车辆主动防护、拦截技术的发展，对现有的制导兵器提出了新的挑战，需要采用基于深度学习的自主识别跟踪、多模复合探测制导等高新技

术，进一步提升战场抗干扰能力。

（3）柔性可定制的模块化开放式系统设计

制导兵器柔性可定制的模块化开放式系统设计，是指可根据不同的打击目标和作战效能需求，现场选择相应模块自动组装，是面向未来战争的一种全新的导弹武器设计思路。它能够解决传统弹药研发模式中日益严重的"设计复杂性灾难"，缩短弹药研发周期，加快新技术在弹药中的应用，应对未来复杂多变的作战需求，精简弹药型号，降低后勤负担，真正实现"一弹多能""一弹多用"，履行多类多域目标打击、多目标有效毁伤、多样化使命任务，以满足未来战争对制导兵器在经济型、作战灵活性等方面的需求。

（4）全寿命周期作战使用与维护保障低成本化

制导兵器是现代高技术战争中消耗最多的精确制导武器，已成为世界各军事强国的一个巨大经济负担。构建成本导向的全流程设计与管控技术体系，在技术、管理和生产等环节开拓创新，颠覆传统军工企业生产组织架构和方式，大幅降低精确制导武器采购费用，从根本上解决武器"用得起"的问题，已成为未来发展的主要趋势。

2. 发射技术

（1）深入推进发射平台的体系化建构，采用标准化、通用化、系列化发展思路，实现发射平台的系统化发展

加速火力打击体系发射平台构建。其中，发射平台需要重点发展以下技术：火箭炮信息化与智能化技术，包括武器系统故障在线监测与健康管理技术、网络化智能火箭炮技术等；自主式快速再装填技术，包括装填目标的准确识别、相对坐标关系的精准定位、多自由度装填机构创新性设计、约束条件下的自主轨迹规划、高度自动化装填控制系统等；快速高精度重载电（液）驱动与伺服控制技术；末端定位与锁紧技术等。

（2）推进垂直发射技术攻关，开展行进间发射技术研究，让制导兵器焕发出新的生命力

开展包括垂直发射、快速转弯控制、动态对准、模块化快速换装等技术在内的制导兵器垂直发射技术攻关，发展陆地行进间发射、海面行进间发射等行进间发射关键技术，拓展制导兵器的作战领域、作战使命和作战效能。

（3）大力发展无人武器站

推动无人武器站向智能化方向发展，开展基于现代战争多任务、多目标打击能力需求的智能武器站顶层设计研究，基于人工智能的目标智能感知与跟踪的新型系统研究，基于专家系统、健康检测、数据自动分析等技术的智能发射系统研究，发展高精度稳定与跟踪、自主安全发射等关键技术。

3. 推进技术

（1）开展复杂战场环境适应性、多平台适应性、低易损性、极限冲击振动等关键技术研究，提升小口径固体火箭发动机复杂作战环境工作安全性、可靠性；开展新型固体动力技术研究，探索新机理、新材料、新工艺等应用技术。

（2）开展口径、推力形式多样化的中大口型发动机技术研究，突破总体及结构优化、野战宽温、低成本等关键技术，实现发动机系列化、模块化发展，满足不同类型远程制导火箭的作战使用需求。

（3）继续深入优化多脉冲发动机技术研究，突破弹道能量分配与优化、多类型轻质隔离装置设计及成型、长脉冲间隔时间条件下热结构防护、小型化快速响应点火等关键技术，实现工程化应用。开展小型化、长时间工作变推力发动机研究，完成样机地面性能试验、环境试验及飞行试验验证，达到工程应用水平。

（4）加快弹用微型涡喷发动机工程化研制进度，突破机弹一体化设计、超低油耗核心机等关键技术，完成动力系统的集成与应用，形成相应设计准则与规范，全面掌握发动机设计、试制、试验和服务等全寿命周期内的完整技术。

（5）开展宽速域（2~4.5 马赫）固体火箭冲压发动机技术研究，突破可变结构进排气、宽范围高效燃烧组织、高调节比燃气流量调节、高能宽燃速调节比贫氧推进剂等关键技术，达到工程化应用水平。

（6）开展弹用小口径空气涡轮火箭发动机技术研究，突破固体推进剂燃气流量调节、低成本高效涡轮增压系统、宽范围掺混燃烧组织、多部件一体化集成等关键技术，研制地面集成样机，完成多工况点性能试验考核。

4. 制导控制技术

制导控制系统将发展多学科协同的设计技术，基于模块化、通用化，实现制导控制系统高度集成；发展先进制导技术和先进控制技术，提升系统性能和指标；发展制导控制一体化技术，降低系统成本，使制导兵器不断地向智能化、网络化、一体化等方向发展。

重点发展方向有：①"打了不管"精确制导技术。②多模复合寻的制导技术，推动激光/红外、微波/红外、毫米波/红外等双模，以及红外/毫米波/激光等三模复合寻的制导技术实现工程应用。③新型寻的制导技术将不断得到应用和发展，如非制冷红外成像、毫米波宽带主动成像、激光主动成像制导、太赫兹成像制导、相控阵雷达制导、合成孔径雷达制导等新技术。④捷联和半捷联寻的制导等低成本制导方式适应制导兵器大量使用。⑤网络化协同制导技术使得各飞行器相互协同、相互配合共同完成作战任务，提高飞行器的整体作战效能。⑥导航、制导控制的一体化设计、气动/结构/动力/控制多学科一体化设计的趋势将越加明显，弹上信息的处理将采用更先进的系统集成技术，将导航解算、制导控制算法乃至舵机控制、导引头信号处理等各种信息处理功能高度集成，从一体化设计到一体化集成，大幅提高武器系统性能和系统可靠性。⑦先进控制理论和技术将广泛应用于制导控制系统设计，如动态逆控制、最优控制、智能控制等。

5. 毁伤技术

（1）高性能炸药是提升战斗部威力的直接途径

高能量密度、高爆压炸药的研制和应用可以直接提高战斗部的威力。目前，以 CL-20

为代表的三代炸药是能量密度最高的含能材料，是提高战斗部威力的主要途径。与二代炸药相比，三代炸药具有密度高、爆速高、爆压高等优势，爆炸能量比二代炸药高 10% 左右。三代炸药在聚能破甲战斗部上应用和威力验证表明，在有效炸高范围内，三代炸药聚能装药射流断裂时间和侵彻能力均优于二代炸药聚能装药，侵彻能力提高约 10%。研制以 CL-20 为代表的三代压装炸药和注装炸药配方，突破三代炸药高钝感及其在聚能战斗部上应用的技术，将成为该领域的重要发展趋势。

（2）含能毁伤元是提高战斗部威力的有效手段

含能毁伤元是一类兼备"强度"和"爆炸"双重性能优势的新型毁伤材料。采用含能毁伤元材料的药型罩技术，通过装药爆炸形成具有二次爆炸能力的活性射流或 EFP 毁伤元，穿透目标防护层后进入目标内部爆炸，释放出大量化学能，对目标内部技术装备和人员造成有效毁伤，已成为大幅度提升聚能毁伤武器威力的重要途径。目前含能药型罩在聚能战斗部上的应用关键技术已取得突破。为提高杀爆战斗部毁伤威力，一般采用提高炸药装填量（即增大装填系数）来实现。绝对能量的提高是实现战斗部威力提升的重要手段，采用含能壳体材料结构，在战斗部装药爆炸作用下破碎形成杀伤破片，遭遇目标时发生爆炸或燃烧，释放出大量的化学能，实现战斗部综合毁伤效能的提高。综上，含能毁伤元在药型罩、破片和战斗部壳体上的应用研究，成为该技术方向的重要发展趋势。

（3）新技术/新原理战斗部持续不断发展

网络化、信息化作战趋势下，协同毁伤、可控毁伤、低附带毁伤及电磁毁伤等，是制导兵器毁伤技术新的发展趋势。通过新材料的应用、新技术的创新以及人工智能技术的融合实现智能毁伤等技术的应用，探索多智能体（弹药）组网协同毁伤技术是未来的主要对策，实现不同毁伤元对目标毁伤效应的耦合作用达到最佳毁伤效果，同时实现低附带性毁伤。因此，多智能体组网协同毁伤技术、威力可控战斗部技术、低附带毁伤战斗部技术等将成为重要的发展趋势。

6. 仿真与测试技术

（1）进一步加强对图像制导仿真技术、激光制导仿真技术、毫米波制导仿真技术以及卫星组合导航仿真技术的研究工作，适应制导兵器新型制导模式的发展，构建激光成像制导、地磁导航制导、新体制成像雷达制导以及激光/红外/毫米波多模式多波段多频谱复合制导技术的仿真验证系统。

（2）研究智能化弹药武器系统多弹/多平台网络协同制导/控制仿真技术，重点突破大规模集群网络化协同仿真、虚实结合仿真，以及天/地组网协同仿真等关键技术，构建多弹种/多平台网络化协同制导仿真平台。

7. 试验与评估技术

（1）推进制导兵器测试技术体系化布局和创新发展，不断引进新理论、新方法、新技术，制定新标准，促进测试技术在满足在研新型制导兵器测试基础上，兼顾未来测试要求。

（2）开展测试设备通用化、模块化发展，形成在线可更换单元、开放式系统软件架构的通用测试平台，能够适应多平台多制导体制武器系统性能测试需求，避免重复研发和建设。

（3）按照远程制导弹药、超高速目标以及多目标的不同测试需求，不断完善弹道组网测试能力，进一步增大试验测试范围，提高测试精度，实现弹道测试数据融合处理，为制导武器试验指标评定、故障分析提供可靠的测试保障。

（4）设备设施构建需要更接近真实战场环境，建立相应的环境模拟方法，复杂对抗环境监测技术手段、对抗设备与考核评估标准，开展等效靶标、靶机等目标模拟技术研究，确保我军制导兵器具备对抗干扰测试的能力和手段。

（二）发展对策

1. 统筹规划，做好制导兵器技术发展顶层设计

目前，世界各军事大国纷纷提出了新的精确制导武器研制计划，确定了精确制导武器战略目标。我国制导兵器与主要军事大国的装备技术相比较，基础性能没有代差，但在智能化、体系化发展方面还处于初级阶段。从国外精确制导武器发展经验来看，长远战略规划和顶层设计至关重要。我国需瞄准世界精确制导武器前沿领域，结合我国制导兵器发展实际，组织开展制导兵器技术发展顶层规划与需求论证工作，确定我国制导兵器技术发展方向、重点、核心技术内容及发展计划，明确应用前景及研发价值，实现制导兵器技术可持续发展。

2. 加强基础研究，提升自主发展能力

21 世纪，欧美军事大国都在逐步对精确制导武器进行更新换代，持续致力于基础前沿领域研究，掌握了大量核心关键技术，大幅提升精确制导武器在复杂环境中的打击效能及多目标、多任务完成能力。我国在基础前沿领域的创新不足，往往使关键技术、材料、器件受制于人，严重影响制导兵器研发周期和安全性。要在制导兵器研制领域立于不败之地，必须在关键技术实现超越，取得优势竞争地位。因此，我国制导兵器发展应立足自身特色，走自主研发道路。一方面依托新器件、新材料、新技术的进步，不断培育新的发展方向，改进现有制导兵器装备；另一方面持续推动前沿重点专题研究，突破关键技术，服务于制导兵器长远发展需求。

3. 深化交流合作，促进制导兵器技术发展

交流与合作是现代科学技术发展的一个重要特征。制导兵器研发是一项复杂系统工程，涉及导引探测、制导控制、飞行结构、通信、材料等一系列领域，需要研究院所、高校和工厂通力配合才能高效完成。因此，在先进制导兵器技术领域应构建开放式研发体系，合理分工布局，充分发挥各自优势，深化交流合作，促进学科发展、激发学科活力、推动技术进步，形成一体化的兵器装备技术体系科研能力十分重要。

4.加速推进成果转移，促进军民融合发展

制导兵器技术在发展中，需要充分利用军民资源各自优势，通过协同互动放大发展效益，实现军民技术相互支撑。加强构建军民一体化技术创新体系，围绕信息、导航、制造等军民通用性高的领域，筛选军民融合技术研发重点，加强军民两用技术研发系统性和预见性。面向兵器科研院所及相关企业，建立制导兵器技术成果转化信息交流平台，推动技术成果在行业内部有效流转，充分挖掘转移转化价值。

专题报告

制导兵器先进总体技术发展研究

一、引言

近年来，我国的制导兵器发展取得了长足的进步。同时，制导兵器总体技术也得以迅速发展。制导兵器总体技术主要涵盖了总体设计、气动布局与弹道、发射与推进、导航与导引、制导与控制等多个学科。近年来，随着科学技术的发展、现代战场的变革以及未来战争需求的发展，制导兵器总体技术也在迅速发展。主要在系统总体、多学科协同设计、气动设计、弹道设计、效能评估技术等技术领域取得重大突破，相关技术已广泛应用于制导兵器总体设计，且已达到实用化水平；在新概念制导兵器总体技术领域，相关前沿研究包括智能集群技术、协同制导与控制技术、多模复合制导技术、自动目标识别技术、智能化武器装备技术、低成本设计技术等已具备了一定理论研究基础，为武器列装、产品化工程应用积累了一定的经验。

同时，我国在国内常规制导武器平台上发展了新的制导兵器系列产品，实现了炮射导弹、炮射制导弹药、制导火箭、制导炸弹、巡飞弹的系列化发展；反坦克导弹和空地导弹也相继增加了新的品种；弹道修正弹总体技术等均取得了一定的研究成果，并在工程中得到一定的应用。

二、国内的研究发展现状

未来信息化战争中，制导兵器的发展、列装及实战使用受到世界主要国家的高度重视。国内近些年在制导武器的研制上进行了多项技术攻关，以系统科学和信息技术为主导的武器系统研发，特别是信息技术的发展使兵器进入了现代兵器时代。探测识别、发射运载、动力传动、定位定向、指挥控制、通信导航、高效毁伤、战场评估、电子对抗以及综合技术保障等多项技术被广泛应用于信息化制导武器系统的研发。同时，以网络化、智能化、无人化为技术特征的武器装备体系已见雏形。

（一）制导兵器装备

1. 陆军战术导弹

陆军战术导弹主要用于执行攻坚破甲任务，"坚"指的是各种地堡、火炮工事、加固指挥所等坚固工事，"甲"指的是主战坦克、装甲车辆等装甲装备。陆军战术导弹采用精确打击、直接命中的方式，能够高效毁伤敌方的坚固工事和装甲装备等硬点目标。

（1）兵组便携导弹

兵组便携导弹可由士兵背负携行，并能有效毁伤主战坦克，俗称士兵手中的"开罐器"。红箭-11 型轻型多用途导弹武器系统主要用于打击视距内的坦克、装甲车辆、坚固工事等各种高价值点目标，是我国首个具备在有限空间发射的攻坚/破甲导弹。全系统结构紧凑，作战使用灵活，抗干扰能力强，同时成本较低。红箭-12E 型自寻的轻型反坦克导弹武器系统针对外贸市场研制，可由单兵或兵组便携使用，可在狭小空间内发射。该系统是我国首型采用红外/电视双模图像制导的反坦克导弹，采用发射前锁定、"射后不管"，能够全天候使用。同时，该系统体积小、重量轻，可由单兵便携、车载运输、伞降空投等多种方式运输投送，单套导弹系统可由一名单兵背负携行，具有良好的生存能力和机动能力。

（2）车载多用途导弹

车载多用途导弹以轮式或履带式发射车为载体，具有载弹量大、机动性强、射程远、威力大等特点。红箭-9 型反坦克导弹武器系统采用光学瞄准、电视测角、无线指令传输三点法导引控制方案，是我国第一种远射程、大威力、高精度的反坦克导弹，发射车采用多联装挂架，可连续打击多个目标，并可实现导弹自动装填，适应大规模、强对抗环境作战。红箭-10 型多用途光纤制导导弹武器系统在 2015 年纪念中国人民抗日战争暨世界反法西斯战争胜利 70 周年阅兵式上首度亮相，并在 2017 年庆祝中国人民解放军建军 90 周年朱日和沙场阅兵中再次亮相。该系统是我国首个采用光纤图像寻的制导体制的多用途导弹，是集"侦、指、打、评、测"于一体的信息化武器系统，具备信息化程度高、抗干扰能力强、高精度、多功能、强毁伤等先进技术特性，可视距外精确打击坦克、装甲车辆、坚固防御工事、低空低速武装直升机及水面船艇等多种类目标，能够有效履行攻坚破甲/反直升机/反船艇/反恐等多样化作战使命任务。在立体攻防、打击范围、毁伤效能、战场适应性等方面，达到国际同类产品领先水平。武器系统可选用多种轮式或履带底盘，其中采用 8×8 轮式装甲底盘的外贸型红箭-10 多用途导弹武器系统已实现出口，受到了国际社会的高度关注。

（3）空地导弹

空地导弹从武装直升机、无人机等空中平台发射，是"坦克杀手"的主力武器，在多次战争中表现突出。XX-10型空地导弹是我国首型自主研发的直升机载空地导弹，采用激光半主动制导体制，射程远、精度高，填补了陆航远程精确打击武器的空白，大幅提高了武装直升机在战场上的主动权、生存率和毁伤能力。该武器系统作战灵活，命中精度高，具备打击主战坦克、装甲车辆的能力，并可执行海岸防卫、边防突击、定点清除、反恐维稳任务。该导弹的轻量化改进型凭借优异性能成为我国目前装备武装直升机最多、机型最广、使用范围最大的一型空地导弹。

蓝箭家族导弹是我国空地导弹的出口型。目前，蓝箭-7系列空地导弹配装于"翼龙""TA"等多型无人机平台，近年来先后发展了蓝箭-7、蓝箭-7A、蓝箭-7A1、蓝箭-7B等系列产品，系列导弹采用激光半主动制导、破甲战斗部/杀爆战斗部、近炸引信/触发引信方案，用于打击车辆、简易房屋等固定和活动目标，已成为国际军贸市场上小型战术空地导弹的"明星产品"。蓝箭-11空地导弹是外贸蓝箭-7导弹的升级改进产品，采用激光半主动制导体制、轨式发射方案，可挂装于武装直升机、无人机和轻型固定翼飞机等多种平台。该导弹采用紧凑的串联式模块化舱段结构设计，配备串联破甲、杀伤爆破、温压、侵彻爆破、破甲杀伤及半穿甲等六型战斗部，可昼、夜间对地面高价值点目标、水面小型舰艇实施有效毁伤。相对于无人机载蓝箭-7系列空地导弹，其射程、离轴能力、攻击包络、抗干扰能力具有大幅度提升，具有射程远、威力大、可靠性高、通用性好等特点，能够在地面、海上及高原等多种环境下作战。同时，蓝箭-21空地导弹也是外贸蓝箭-7导弹的升级改进产品，采用毫米波雷达自寻的制导模式，具备全天候打击能力，可精确打击各种作战车辆、小型舰船等目标，主要装备于察打一体无人飞机，用于边防、海防空中巡逻，战时的空中作战支援执行近距对地、对海作战任务。

2. 制导弹药

（1）制导炮弹

国内在引进俄罗斯"红土地"激光半主动末制导炮弹后，经过消化吸收，完成了国产化激光半主动末制导炮弹的研制，全弹抗过载能力达到8000g以上。从"十五"开始开展卫星制导炮弹相关技术的预先研究工作，主要进行了制导炮弹总体方案设计和先期关键技术攻关，重点突破了总体设计技术、抗高过载设计技术、微旋条件下的制导控制技术、抗高过载电动舵机技术、卫星/微惯性组合导航技术、大升阻比滑翔增程以及火箭+滑翔复合增程技术、空中快速对准等关键技术，研制了基于国产MEMS的微惯导组件、基于卫星/微惯性组合导航的一体化制导控制组件、电动舵机等原理样机，基于卫星/微惯性组合导航、滑翔增程等技术，研制了155mm制导炮弹，全弹抗过载能力达到15000g以上。在此基础上，通过加装火箭发动机，研制了155mm增程型制导炮弹，以实现更远的射程。

（2）炮射导弹

炮射导弹由火炮等发射、利用制导装置将弹丸导向目标，实现了单个炮弹对付单个目标，集中了常规火炮和导弹的优点，将常规弹药与高技术结合在一起，使常规弹药的精度有了质的飞跃，同时又具有精度高、通用性和灵活性好的特点。在普通坦克上配置一定数量的炮射导弹，能在常规战争中起到威慑作用。

炮射导弹武器通过俄罗斯引进，完成了国产化鉴定，其命中概率、破甲威力、弹道安全性、坦克夜视距离、引信安全性及电源小型化等方面的性能均有提升，实现了在引进技术基础上的进一步突破和提高。同时，完成了国内自研的首个炮射导弹武器系统，可装备于安装105mm坦克炮的坦克，作战距离为200~5000m，具有穿透220mm/68°均质装甲（带PBFY-1反应装甲）的破甲威力，停止间射击命中概率可达80%~90%，具有平飞和高飞两种使用方式，总体性能水平比100mm炮射导弹武器系统有较大幅度提高，同时进行了高原适应性改进。125mm炮射导弹武器系统也已通过设计定型审查并装备部队，对提高96A、三代改主战坦克的作战使用性能特别是远距离精确打击能力具有十分重要的作用。

（3）制导火箭

近年来，我国制导火箭技术突飞猛进，在经历了引进和仿制阶段后，已经形成了完备的制导火箭弹体系化发展路线，并独立自主地开展了一系列制导火箭弹的研发和试制。在制导火箭弹领域陆续开展了基于GPS、INS、MEMS、地磁等测量技术，采用激光和红外制导技术以及舵机控制、脉冲发动机控制、旋转解耦控制等制导火箭弹复合控制技术的工程应用研究。国内形成了多型装备产品，例如，卫星导航/惯性导航复合制导的300mm多管火箭弹系统；GPS制导的卫士系列（WS）远程制导火箭弹系统、模块化设计的神鹰400（SY-400）制导火箭弹、卫星导航/地磁测角复合制导系统的新型122mm增程制导火箭弹（GMLRS-122、GR122-I/II）和外贸型全程制导火箭弹BRE3、BRE7。进而逐步形成了以大长径比、旋转体制、曲射弹道、全程静稳定设计、多联装发射平台、动态评估系统等为典型特征的制导火箭弹武器系统系列化装备，技术性能已基本达到国际领先水平。在世界军贸市场上，中国的制导火箭武器系统已经产生品牌效应，具有非常大的市场竞争力。逐步形成了完备的武器装备体系，具体分为三大体系：简易制导多用途火箭，形成联合打击体系；采用GPS实现精确打击火箭炮体系；非诱导型火箭炮体系。

（4）制导炸弹

制导炸弹是指带有制导控制系统的航空炸弹，在飞行中利用控制机构产生气动控制力改变炸弹的速度大小和方向，使其按照预定的弹道飞行或导引规律飞向目标。制导航空炸弹通常是在常规航空炸弹基础上加装制导装置和气动力控制组件。与常规炸弹相比，制导炸弹提高了攻击精度、增加了投放距离、降低了改造成本、性价比得到极大提升，因此受到了世界各国的青睐，已经成为世界上装备规模最大、在现代局部战争中使用数量最多的精确制导弹药。

近年来，我国的航空制导炸弹进入了快速发展阶段。多系列、多口径、多类型的航空制导炸弹不断涌现，并且发展了出口型号。目前已初步建立了制导炸弹体系，实现了产品从单一化到体系化的发展，产品覆盖了从小型无人机到远程轰炸机、从反恐处突到大规模空地作战、从面目标攻击到地下目标攻击的作战使用需求，基本达到过了国外第三代制导炸弹的水平，目前正在开展信息化、智能化等关键技术的研究，接近国外第四代制导炸弹的研制水平。如，涵盖了从 25kg 到 1000kg 的各型激光制导炸弹；可在敌防区外投放、携带多种子弹药进行面覆盖毁伤的 GB6 型航空布撒器；采用卫星制导的 GB2A 型滑翔增程卫星制导炸弹"天罡"；雷石 -6（LS-6）系列卫星制导炸弹；装备的全球卫星导航系统可兼容 GPS、GLONASS、北斗的"飞腾"（FT）系列精确制导炸弹。

3. 巡飞弹药

巡飞弹是一型集自主搜索、区域压制、精确打击、效果评估等功能于一身的精确打击弹药，既具有弹药的精确打击效果、又具备无人机的多变弹道及侦察监视功能。国内开展了网络化巡飞系统相关技术研究，重点突破了系统总体技术、网络化规划控制技术、巡飞弹总体技术、弹载双向数据链及微型涡喷发动机应用技术等关键技术。经过近年来的研制以及试验验证，项目中的关键技术如系统总体技术、网络化规划控制技术、巡飞弹总体技术、弹载数据链应用、微型涡喷发动机应用、图像导引头、制导与控制、数据链等技术均取得了突破，具备了较好的技术基础。

巡飞弹武器系统主要由网络化规划控制系统、箱装巡飞弹和模块化发射系统组成。网络化规划控制系统依据指挥系统下达的作战任务进行任务规划及航迹规划，地面操作人员"人在回路"完成目标侦察、定位、识别、锁定和打击目标等任务，并对打击效果进行评估。

网络化规划控制系统主要由指挥控制终端、飞行任务规划终端、操纵控制装置、网络通信系统等组成。网控车设置指挥控制、规划控制、操纵控制和驾驶席位。各乘员配合实现同时规划多发巡飞弹任务与航迹，实时监视多发巡飞弹的飞行状态，同时对多发巡飞弹进行人工目标锁定和目标打击控制，通过有 / 无线方式与上级指挥车和发射车互联互通等功能。

巡飞弹由侦察 / 制导一体化图像导引头、模块化战斗部、卫星 / 惯导组合导航系统、弹载计算机、弹载双向数据链、巡航发动机、助推发动机、控制执行机构和弹体结构件等组成。采用起飞、巡航、突防、攻击弹道；多功能战斗部能够实现一型弹药对反斜面固定目标、轻型装甲移动目标等多种不同类型目标的有效毁伤。巡飞弹利用固体火箭发动机助推升空后，巡飞弹与助推器分离，巡航微型涡喷发动机点火启动并提供巡航推力，巡飞弹以最大速度飞行至目标区域上空，随以经济巡航速度巡飞，通过双向数据链和图像导引头实时回传目标区域图像信息，通过目标识别与定位，可实施对防空雷达阵地、指挥车、自行火炮 / 火箭炮、导弹发射车、装甲车辆、指挥所等固定与时敏目标、反斜面目标的精确打击、大范围火力压制后的战效评估及对剩余目标的补充打击。

（二）总体设计技术

1. 面向快速远程打击的制导兵器总体设计技术

未来战场呈现出远程非接触式、局部高强度非线性化等发展趋势，对制导兵器的远程快速常规打击能力提出了更高的需求。过去的五年时间，在远程化方面，以弹道优化与滑翔增程技术、临近空间气动特性研究、高升阻比气动布局设计、高动态制导与控制技术、高性能固体火箭发动机技术、吸气式冲压动力技术、结构轻量化技术等为研究重点；在快速反应能力方面，以武器系统工作流程设计与优化、高精度惯性导航快速初始对准技术、固体火箭发动机宽温使用技术、高超声速推进与飞行控制等为研究重点，国内在快速远程打击的制导兵器总体设计技术领域得到了长足发展。

通过面向快速远程打击的制导兵器总体方案设计、关键技术攻关、地面试验和飞行试验验证，以远程火箭炮武器为典型代表，最大射程能力由150km提升至了400km以上，武器系统火力反应时间由7min缩短至了5min以内，同时有效载荷投送能力大幅度增加。吸气式固体冲压发动机技术和超燃冲压发动机技术分别进行了地面试验和飞行器飞行演示验证，最大飞行马赫数达到6，综合性能达到了世界先进水平。

2. 面向模块化结构的制导兵器总体设计技术

模块化的制导兵器，是指制导兵器采用完全模块化的设计，不再区分具体型号，而拆分为导引、毁伤、飞控、动力、升力等多个模块进行研制。可根据目标特性和作战态势，像"搭积木"一样快速组装满足作战需求的制导兵器，完全凸显出可快速现场重构的技术特性，以提升未来战争中敏捷多样化作战能力。

面向模块化的制导兵器总体设计技术，在国内型号产品研制、预先研究项目中已有所涉及。在"十二五"期间，红箭-10多用途导弹武器系统在导引和毁伤模块化设计上开展了工程研制。通过两种导引头（电视导引头和红外导引头）和两种战斗部（多功能战斗部和攻坚随进战斗部）的排列组合，形成了四型导弹，可视距外精确打击坦克、装甲车辆、坚固防御工事、低空低速武装直升机及水面船艇等多种类目标，能够有效履行攻坚破甲/反直升机/反船艇/反恐等多样化作战使命任务。通过该型导弹研制，对导弹的模块化设计概念有了一定实践，特别在总体设计技术领域积累了工程研制经验。

"十三五"期间开展研制的蓝箭-11系列空地导弹，是外贸蓝箭-7导弹的升级改进产品，采用激光半主动制导体制，可挂装于武装直升机、无人机和轻型固定翼飞机等多种平台。蓝箭-11系列空地导弹主要对战斗部进行了系列化发展，在一型弹体上可适配串联破甲、杀伤爆破、温压、侵彻爆破、破甲杀伤及半穿甲六型战斗部，满足了有效毁伤多种战场目标的作战需求，基本实现了战斗部的模块化发展。

3. 制导兵器多学科协同设计技术

制导兵器是一类典型的复杂多学科工程系统，其总体设计涉及气动、结构、动力、弹道和毁伤等多个学科，学科间相互影响、相互制约，共同决定了制导兵器的综合性能。在制导兵器设计过程中，尤其是在总体设计阶段运用多学科协同设计优化的思想与技术有助于深度挖掘制导兵器的设计潜力，显著提升制导兵器的综合性能，极大压缩装备研制的周期与成本。

（1）多学科建模技术

在考虑学科耦合关系的基础上，面向装备研制的工程需要，建立一套合理可信的参数化学科模型，实现制导兵器多学科耦合分析的自动化是开展制导兵器多学科协同设计优化的基本前提。近年来，国内高校和研究院所针对制导兵器典型学科建模理论与方法开展了广泛研究。其中，北京理工大学在国防预研、国防基础科研以及国家自然科学基金等项目的资助下，建立了反坦克导弹的气动、结构、动力、控制以及弹道等学科模型，分别依托ModelCenter、Isight 商业 MDO（多学科设计优化技术）框架以及自研 MDO 框架实现了反坦克导弹的总体设计多学科模型参数化与集成联合仿真；西北工业大学完成了典型战术导弹的总体设计流程梳理，构建了包括气动、动力、布局、弹道、结构、防热、制导控制、引战等典型学科的不同颗粒度仿真分析模型；国防科技大学建立了固体弹道导弹的推进、气动、弹道等学科分析模型，并实现了学科模型在自研固体弹道导弹总体方案设计软件中的集成。西安现代控制技术研究所在国防基础科研项目的支持下，聚焦某反坦克导弹的研制任务与需求，联合国防院校，开展了战斗部、发动机、弹体结构、气动、弹道、制导控制以及毁伤等反坦克导弹典型学科的建模研究，实现了学科模型在多学科集成设计平台中的封装与集成，并且通过大量的实验数据对模型进行了修正，进一步提升了多学科模型的精度与可信度，为装备研制任务的提速与提质作出了贡献。

（2）多学科设计优化技术

为提高制导兵器综合性能，缩短设计周期，降低设计成本，本领域的国内专家与学者进一步开展了多学科设计优化技术（Multidisciplinary Design Optimization，MDO）研究，研究工作涉及灵敏度分析、代理模型、MDO 策略以及 MDO 框架等关键技术，其中 MDO 策略是 MDO 领域最活跃、成果最多的研究方向。针对现有分解 MDO 策略引入一致性约束导致问题非线性程度增加、计算成本增大的问题，以北京理工大学为代表的高校与院所陆续开展了近似 MDO 策略的研究，旨在通过数学手段构造分析精度与高精度模型相当但计算成本更低的代理模型，以其替代原高精度模型用于多学科设计优化。国内各高等院校和研究院所在自适应近似 MDO 策略方面开展了深入研究，力求平衡全局探索能力与局部搜索能力，从而为制导兵器 MDO 提供有效的理论和方法保障。此外，考虑到载荷、环境、仿真模型精度、零件加工精度等方面存在的不确定性因素，国内学者还初步开展了不确定性条件下的制导兵器 MDO 的理论探索研究，但是受限于计算量等制约因素，考虑不确定性的制导兵器 MDO 技术在工程实践中的应用与推广还存在诸多挑战。

（3）数字化集成设计技术

数字化集成设计技术是实现 MDO 技术在制导兵器总体设计阶段工程应用的重要工具。近年来，国内高校与研究院所陆续开展制导兵器数字化集成设计技术研究，通过 MDO 框架集成现有学科分析模型和 MDO 方法，形成统一的数据源，优化设计信息传递过程。MDO 框架的基本功能和特征包括支持并行计算、能继承已有学科分析计算程序和常用商用软件、提供优化算法库、可构造代理模型、实现优化设计过程和结果的可视化、具有统一的数据格式、支持基于不确定性的建模与优化设计、采用友好的图形用户界面等。依托商业通用 MDO 框架（如 ModelCenter、Isight、VisualDOC、Optimus 等）或自研 MDO 框架，针对制导兵器典型特性，搭建并研制了一系列制导兵器多学科集成设计平台。迄今为止，西安现代控制技术研究所、北京理工大学、西北工业大学以及国防科技大学等本领域技术优势单位，已经根据不同制导兵器的技术特点与研制需求，定制开发了多款制导兵器多学科集成设计平台，完成了典型学科与 MDO 方法的集成，并实现了初步的工程应用与验证。此外，北京理工大学等单位还研究开发了具有自主知识产权的多学科联合仿真与集成设计优化框架，对于摆脱制导兵器数字化集成设计对国外商业 MDO 框架的依赖具有重要的意义。

4. 基于新型气动布局的制导兵器设计技术

不同制导兵器对气动性能的需求各有差异。制导兵器气动设计一般包含远射程、高机动和高隐身等。随着技术发展，通过高超声速突防技术能够实现对目标的有效打击，制导兵器在攻击过程中，可能经历宽速域和大空域的飞行环境，稳定性和机动性的设计也存在一定的矛盾。

传统的制导兵器气动布局设计一般是空气动力面沿弹身轴向及轴向相互配置的形式，包括正常式布局、尾翼式布局、鸭式布局、全动弹翼式布局、无尾式布局等。基于传统的制导兵器气动布局设计，制导兵器气动设计发展主要有以下方面。

（1）气动辨识技术

常规弹箭在大气层内飞行，其弹道轨迹、飞行稳定性、机动性和可控性都取决于弹箭所承受的空气动力。通常获得弹箭气动特性的方法有四种途径：工程算法、CFD 计算流体力学数值仿真、风洞试验和飞行试验。

（2）弹体仿生结构表面减阻技术

仿生学中的表面微结构的利用不仅能够实现水动力减阻，也能够优化运动物体的气动性能。针对制导弹箭的增程问题，研究沟槽型非光滑表面对翼面气动减阻特性影响，可为制导弹箭的增程减阻提供一个新的发展思路。

（3）低速低空巡飞弹气动设计

随着巡飞弹的任务需求多样化，越来越多的新型气动布局被运用到巡飞弹上。计算流体力学（CFD）工具可以提供设计和弹道分析所需的气动参数，风洞实验或飞行实验可以对典型工况下低速低空巡飞弹的气动参数进行校验。

（4）高原高空非线性气动力技术

现代制导兵器使用空域和使用环境的不断扩展，使得制导弹箭气动特性表现出较强的非线性特征。目前在研的各类新型远程弹箭，其弹道高度多参考靶场大气数据、美国 1976 标准大气、苏联 1964 标准大气及卫星探测数据得出的 30km 到 80km 平均温度分布。

（5）柔性弹箭变形弹性气动技术

大长径比会导致火箭弹弯曲刚度和横向振动固有频率降低，增大其振动幅值。目前，柔性变形及不同结构参数、初始条件下气动弹性效应研究工作都有所进展，为解决远程火箭弹近弹现象等研制中的关键问题提供思路。

（6）远程火箭弹气动热问题

高超声速弹箭的气动加热可导致弹箭表面气动加热严重，甚至致使弹箭表面发生烧蚀，很有可能导致弹箭结构的热力学特性与气动外形发生改变，对弹箭的气动特性、稳定性及安全性带来致命的影响。基于工程算法和计算流体力学方法开展的复杂外形弹箭气动热研究，在远程火箭弹的研制过程中可快速、准确地预测弹箭表面气动热分布情况，为弹箭的气动设计和热防护提供工程参考。

（7）弹箭栅格翼气动技术

栅格翼框架结构特殊，在亚声速和高超声速阶段有比平板翼更加突出的气动特性。针对栅格翼阻力较大，升阻比较小的问题，采用计算流体力学方法或风洞试验方法研究栅格翼翼身组合体在滚转状态下的气动特性，为栅格翼在弹箭中的实际应用提供技术支持。

5. 制导兵器弹道设计技术

弹载计算机、测量器件、发动机等技术的发展，也为新的弹道设计技术提供了必要的应用基础。不同的制导兵器其弹道类型不同，弹道设计技术包含弹道生成、弹道重构、弹道控制（导引律）等。

（1）攻顶弹道技术

攻顶弹道主要针对现代坦克的顶部薄弱环节进行攻击。目前攻顶弹道主要包括掠飞攻顶和俯冲攻顶两类，而俯冲攻顶可进一步细分为平飞俯冲攻顶和抛射俯冲攻顶两种形式。掠飞攻顶弹道设计主要考虑制导兵器在目标上空一定距离处掠飞，与引战系统配合，实现对顶部装甲的有效毁伤。俯冲攻顶弹道设计主要有两种途径：一是对传统比例导引方法进行改进，通过增加偏置项实现对落角的控制，这类方法能够满足精度要求和一定范围内的落角要求，所需的测量量较少，有利于工程实现；二是引入最优控制或非线性控制理论，将问题转化为给定性能指标下的最优控制问题，该类方法可获得更大的落角控制，但往往需要更高测量要求，如弹目距离、剩余飞行时间等。考虑测量器件、计算技术等的发展，该类方法同样具有良好的应用前景。

（2）突防弹道技术

随着攻防对抗的升级，现代战争对制导兵器的突防能力要求不断提升。从弹道设计角度，机动突防方式是最重要的突防措施之一。蛇行机动与螺旋机动是目前主要的机动突防方案。国内对低空水平面蛇行机动弹道的研究较为充分，其中针对机动参数，包括机动过载大小、机动频率以及机动起始时刻等的选取方法研究获得了具有参考意义的结论。机动突防弹道当前主要研究热点为结合微分对策、最优控制、鲁棒控制等先进控制理论，采用特定拦截制导律，尤其是先进拦截制导律的突防问题。对于单弹突防问题，目前在突防效率方面取得了一定研究成果，但就同时考虑打击精度的一体化作战研究还不充分；此外多弹机动突防问题还有待于进一步深入研究。

（3）弹道修正技术

按修正方式划分，弹道修正发展经历了三个阶段，即 GPS 定位引信、一维弹道修正和二维弹道修正。目前国内的一维弹道修正技术已经比较成熟，二维弹道修正的相关技术仍处于研究阶段。弹道修正技术在弹道设计方面主要面临两个问题：弹道重构和弹道控制。在弹道重构技术方面，弹道测量问题是需要首先解决的问题。目前国内已实现 GPS 在弹道修正弹上的定位和测速应用，同时发展多种组合探测技术，如 GPS/INS 组合导航系统、INS/ 地磁测量组合探测、GPS/MIMU 组合导航、MIMU/ 地磁组合测量等。弹道重构技术的另一个关键问题就是如何处理原始数据中的量测噪声。目前主流的技术途径是采用滤波技术，对于组合探测系统，需考虑引入多传感器信息融合技术。在弹道控制技术方面，近年来的研究主要集中在修正制导方法方面，主要方法包括比例导引类、落点预测（IPP）制导、弹道跟踪（TT）制导和最优制导。其中较容易实现的是 TT 制导。IPP 制导需要实时估计弹丸的落点，对弹载计算机的计算能力要求比较高，且制导精度与落点预测模型的预测精度有很大的关系。修正比例导引（MPN）在特定场景下的修正效果要优于 IPP。最优制导虽然可以使某一制导目标最优，但通常需要为这一制导目标付出额外的控制和计算代价。

（4）弹道增程技术

弹道增程技术主要用于提升常规弹药作战能力。从弹道设计角度，滑翔增程技术的关键可视为典型的弹道优化设计问题。目前滑翔增程弹道设计的研究主要分为两种情况：一种是基于最大升阻比和零化法向过载的滑翔增程弹道设计，在近似条件下导出了俯仰舵偏角和平衡攻角的解析表达式以及滑翔射程的一般关系式，可定量分析影响制导炮弹射程的主要因素，对于工程实际有重要参考意义；另一种是将最优滑翔弹道转化为最优控制问题来求解，其中主要求解方法包括直接法和间接法。在获得最优期望滑翔增程弹道后，对于各种随机干扰条件下的弹道控制问题，主要基于滚动时域理论、滑模控制、LQR、伪谱法等设计闭环制导律展开研究。此外基于虚拟点的弹道跟踪方法近年来得到了广大学者的关注，其基本思想是通过在参考轨迹上设定虚拟点，利用已有末制导律，求解出跟踪虚拟点所需的过载指令并实现对参考轨迹的准确跟踪。

（5）弹道协同设计

为进一步提升作战效能，多弹协同攻击的作战模式获得了广泛认可和重视。多弹协同对弹道设计提出了新的技术需求，根据协同变量可分为时间协同、位置协同、速度协同等。其中时间协同问题研究较为深入和充分，可实现多弹同时打击（末制导）或同时到达指定位置（中制导），同时需要考虑包括落角约束在内的多种约束条件。根据实现形式，时间协同问题可分为无弹间通信协同和有弹间通信协同两大类。无弹间通信时间协同一般需事先给定理想攻击时间，然后基于最优控制、滑模控制等现代控制理论的方法、控制视线变化的方法、偏置比例导引法等实现多约束条件下多弹同时攻击目标，其中理想攻击时间的制导方法（ITCG）为典型代表。有弹间通信时间协同主要分为集中式和分布式两大类，集中式多采用双层制导结构，分别用于协调攻击时间和实现弹道控制。分布式不存在集中指令生成单元，各导弹通过从与自己有通信关系的导弹处获得的信息来调整自己的弹道。进一步考虑协同探测和突防需求，多弹位置协同目前也受到越来越多关注和重视，借鉴无人机协同编队控制技术，目前主要策略包括"领弹 – 从弹"、虚拟领航、行为控制等。与时间协同相比，位置协同更依赖弹间通信，其面临的通信时滞和噪声干扰等实际问题有待开展进一步研究。

6. 制导兵器效能评估技术

制导兵器的实战化总体对抗性能已经成为制导兵器研制的首要原则。但是由于武器作战的特殊性，并不能进行大量的实物试验，因此通过地面试验方法进行综合对抗总体性能和作战效能进行验证和评价就成了重要手段。基于现有的制导兵器研制过程，在其整个研制生命周期内，缺少对全系统总体性能和作战效能进行系统、全面的验证技术，不能够在各个研制阶段对整体作战效能进行系统准确的验证，致使在研制过程中技术方案出现反复或指标不能完全满足。特别是对于新型制导兵器或者基于制导兵器的火力打击系统而言，其作战使用流程、全程飞行过程及作战模式与传统制导兵器有着很大的差异，要求能够具备更加真实、全面的总体性能和作战效能验证能力。

我国对制导兵器的效能评估研究主要是在 20 世纪 70 年代中期以后开始，80 年代广泛开展。研究内容主要：运用 ADC 法、指数法、层次分析法、模糊综合评判法和作战模拟法等评估武器装备效能。目前，国内的研究多将重点放在对于分系统的研究上，着眼点基本放在单个或几个模块上，缺乏从大系统和系统工程的角度综合验证和评价整个系统效能的研究。

7. 制导兵器组网协同技术

制导兵器组网协同技术是在通信网络的支撑下，将制导兵器编群组网，利用有效的协同机制发挥整体的涌现性效能，达到信息共享、功能互补、能力倍增等战术目的，能够突破单个制导兵器在感知决策与打击评估等方面的能力极限，对于完成灰色区域侦察、打击、评估一体化任务等复杂作战使命以及提高制导兵器的整体作战效能具有重要的实际意义。目前，我国制导兵器组网协同技术研究主要聚焦在组网通信、协同任务规划、协同制导控制等方面。

制导兵器组网通信是实现协同作战的前提。近年来，面向制导兵器的数据链系统主要采用集中式或集散式通信架构，已能够支持中小规模制导兵器集群的有效协同通信，并完成了地面测试试验和弹载协同飞行试验。适用于制导兵器的分布式无中心自组网技术以及弹载原理样机研制正处于技术攻关阶段。

协同任务规划技术是实现制导兵器组网协同作战的指挥大脑。近年来，国防科技大学、北京理工大学等高校以及航天三院、兵器科学研究院以及西安现代控制研究所等研究院所都致力于协同任务分配、协同路径规划等方面的技术研究和系统研制，并取得了阶段性进展，集中式协同任务规划技术已日趋成熟。由中国兵器工业集团牵头，北京理工大学等单位参加的组网协同项目于2017年成功完成了多弹协同飞行试验，试验中由多方联合研制的集中式地面规划控制系统根据任务想定与态势进行了一次预先任务规划与多次动态任务规划，对制导兵器的预先协同规划和动态协同规划技术与管控系统的有效性与实用性进行了试验验证。分布式任务规划技术主要停留在理论研究层面，国内高校已突破了无中心条件下的协同任务分配和路径规划瓶颈。另外，在线任务规划技术研究理论上已经能够满足弹载规划的需求，但尚未广泛开展弹载在线任务规划试验验证。

协同制导控制是保证制导兵器能够实现协同作战的末端关键环节。近年来，北京航空航天大学、北京理工大大学、北京机电控制研究所等高校和院所在协同制导控制理论与方法方面取得了一定进展，突破了考虑攻击时间、攻击角度、飞行位置等性能需求的多约束非线性协同制导技术。

三、国内外发展对比分析

（一）面向快速远程打击的制导兵器总体设计技术

近年来，美国、俄罗斯等军事强国将提高远程快速常规打击能力，作为军事力量发展的重点和战略目标之一。

美国基于M270多管火箭炮（MLRS）系列，正在开展远程精确火力（LRPF）导弹项目研制，采用将2发导弹置于一个发射箱内的新式设计，将贮运发射箱的载弹量翻倍；采用先进的推进系统，最大射程可达到600km，将取代陆军战术导弹（ATACMS）。制订并实施了常规快速全球打击研发计划（Conventional Prompt Global Strike，CPGS），发展助推–滑翔式和吸气式冲压巡航两大高超声速技术方向。在助推–滑翔技术方向上，除美国空军航天与导弹系统中心和国防高级研究局（DARPA）主导的HTV-2外，美国陆军主导开展了先进高超声速武器（Advanced Hypersonic Weapon，AHW）研究工作，成功进行了4000km的飞行试验。在吸气式冲压巡航技术方向上，作为超燃冲压发动机的验证飞行器X-51A，已经完成了4次飞行试验，2010年实现了有动力飞行，飞行试验达到200s，飞行马赫数超过5。美国国防高级研究计划局（DARPA）和海军发起了HyFly计划，用来研究并测试飞行马赫数超过6的超燃冲压发动机，研究成果用于发展空射型巡航马赫数6、射程1000km和舰射型最高巡航马赫数4、射程1500km的高超声速巡航导弹。

俄罗斯在高超声速技术方面也在加大研究力度，2016年、2017年先后成功完成了战术级的"锆石"吸气式高超声速导弹试射，飞行马赫数达到6。2018年3月俄罗斯披露，正在研制"匕首"空射型和陆基"先锋"助推滑翔式高超声速导弹。同时和印度合作，联合研制"布拉莫斯–2"吸气式高超声速导弹，其飞行马赫数也将达到6。

随着远程快速常规火力打击的制导兵器技术发展，研究进入高超声速技术领域是必然趋势。与国外相比，国内在该领域缺少国家层次的专项计划，资金支持力度有限。综合分析助推滑翔和吸气式高超声速技术，典型特征是飞行全程的平均速度大于5马赫，两者在气动热及热防护、低成本一体化制导控制部件等方面面临共性关键问题，同时也存在不同的主要关键技术难点，在助推–滑翔技术方向上，先进气动布局设计、非线性强耦合快速响应控制技术、突防弹道优化技术等方面关键技术尚未完全突破。吸气式冲压巡航高超声速武器采用吸气式冲压发动机为动力高速飞行，带来强烈的机体流场与发动机进排气流场耦合、热载荷与力载荷耦合、飞行控制与发动机控制耦合、热力综合环境下的流固耦合等问题，这些强烈的耦合导致气动、动力、结构、控制及其他相关系统相互关联，互相渗透，极大的影响飞行器推阻平衡、升阻比、稳定性和操控性，从而直接影响高超声速飞行器的总体性能，必须在高度一体化的构架下进行总体设计，国内还需要加大技术研究和支持力度，缩小与国外的差距。

（二）面向模块化结构的制导兵器总体设计技术

国外在模块化组合制导武器的创新性设计和前沿技术探索方面已经开展了卓有成效的研究，欧洲导弹公司代表了最高水平。2015年6月，欧洲导弹公司推出了代号为CVW102的模块化导弹方案（FlexiS），旨在应对2030年后的战争对战术导弹在经济性、作战灵活性等方面的要求。模块化导弹家族涉及多种尺寸，目前的研究主要集中在180mm弹径的空射型导弹上，包括中程打击反装甲导弹、超近距空空导弹、近距空空导弹和远距空空导弹。该种导弹采用完全模块化设计，可根据不同的打击目标和作战效能需求，现场选择相应模块自动组装，打击运用和战备维护等方面更具有易用性，是面向未来战争的一种全新的导弹武器设计思路。

Kh–38M导弹（M指的是模块化设计）是俄罗斯新一代通用型空对面导弹，用于取代Kh–25M和Kh–29导弹。主要包括携带半主动激光定位自动导引头的Kh–38ML导弹、使用红外成像导引头的Kh–38MT导弹、使用雷达导引头的Kh–38MA导弹和携带多功能弹头的Kh–38MK导弹。可见，俄罗斯的新一代通用型空对面导弹Kh–38M仅实现了不同制导模式导引头的模块化换装，而且换装必须在出厂前进行技术状态确认，同欧洲的模块化导弹技术存在较大的性能差异。

国外先进的模块化导弹方案代表的是一个导弹家族，其中所有导弹均采用完全模块化结构设计；导弹武器配置和控制单元可检测出正在或已经安装到弹体上的每一个模块，同时加载任务参数，优化与导弹配置相对应的软件运行；武器和发射平台间的数据通信采用通用协议，可借助通用发射装置发射不同类型的导弹，从而满足不同的作战需求。

（三）制导兵器多学科协同设计技术

近年来，我国在制导兵器多学科协同设计领域的研究工作不断深入，在学科建模、MDO 方法以及数字化集成设计平台等多个方面都取得了阶段性成果，初步形成了多类制导兵器的学科分析模型库，提出了一系列基于自适应代理模型的近似优化策略，定制开发了多套制导兵器多学科协同设计平台，相关研究成果也得以初步工程应用。

目前，美国等西方军事强国已经在工程实践中不断丰富制导兵器等飞行器系统的学科分析模型的深度与广度，学科门类不断完善，学科分析模型的颗粒度也持续提升，高精度学科分析模型已经广泛应用于新型装备的概念与方案多学科设计优化，显著提高了设计结果的置信度。此外，国外还针对制导兵器等飞行器系统多学科协同设计的高维度、高耗时以及模型黑箱的特点，重点开展了高维复杂黑箱系统的模型降阶建模表征方法与考虑大规模高耗时约束的近似优化策略研究，并提出了多种先进的多学科降阶建模与高效近似 MDO 方法，从全系统的高度快速探索全局性的最优设计结果，并将 MDO 应用于多种高超声速武器装备的验证机研制。

然而，目前国内在制导兵器领域的高精度学科分析模型库建设力度还不足，在设计中仍主要依赖工程估算与专家经验，学科分析模型的颗粒度有待进一步提升，且未能充分挖掘长期工程实践中积累的大量数据，如何利用不同精度的模型和不同来源的数据提炼设计知识，实现模型的有效降阶仍存在重大的技术挑战；国内目前所提出的 MDO 方法在求解高维高耗时约束设计优化问题以及多目标设计问题的效率与收敛性也有待进一步增强，在一定程度上制约了制导兵器设计质量与效率的提高。此外，国外经过几十年发展已形成完整的多学科协同设计软件体系，国内制导兵器领域具有完全自主知识产权的 CAD/CAE 软件与 MDO 框架仍然非常匮乏，现有软件平台的可靠性也有待在更加广泛的工程实践中不断改善和提高。

（四）基于新型气动布局的制导兵器设计技术

传统的制导兵器气动布局设计多采用空气动力面沿弹身轴向及轴向相互配置的形式。随着美国 HTV2 和 TBG 等项目的提出和发展，明确了助推 – 滑翔高超声速武器是实现突防的有效手段。武器的气动布局形式也逐渐从轴对称布局向面对称布局发展。为了提升武器的射程，气动布局一般采用面对称、尖前缘构型，同时采用乘波体的设计思想。该类气动布局适用于高超声速飞行，通过高速突防缩短敌方的反应时间，实现对目标的有效打击。

从 20 世纪 70 年代起，我国就开展了对地空导弹、海防导弹和反坦克导弹等的气动参数辨识研究，其导弹飞行试验数据大多来自大回路闭环控制下的飞行试验。近年来，由于计算机技术、自动控制理论、测量技术的发展，系统辨识技术得到飞速的发展和应用，刺激了高性能飞行器的建模需求，推动了系统辨识技术的发展及促进了型号的研制工作。

在非线性空气动力学及气动弹性研究方面，目前制导兵器研制中主要采用线性气动力和线性结构耦合的方法。该方法中结构采用线性假设是可行的，但弹体进入到跨音速飞行时，气动力呈现高度非线性，需要采用非线性 Navier-Stokes 方程才能更准确的描述。这方面国外已经取得了比较好的发展，国内也取得了一些研究成果，但总体还是处于起步阶段。

美国近年来发展、应用了一种基于 CFD 的几何处理和操作环境（EnGAM）技术，促进了 CFD 在制导兵器概念设计过程中的集成。通过这种集成，CFD 和计算机辅助设计能够更大程度地支撑弹箭气动外形设计，为弹箭的先进概念设计提供高效可靠的设计平台。

在高超声速空气动力学领域，美国成立了四个高超声速基础研究中心，专门从事气动力、气动热、推进系统的基础学科问题的研究。还设立了 HiFIRE 系列飞行试验计划，用于研究高超声速导数的推进系统、气动布局、飞行控制相关技术为下一代高超声速巡航导弹做准备。国内目前对临近空间的相关空气动力学技术、推进系统、飞行控制技术也非常重视，已经有一些理论研究成果，国家自然科学基金、科技部基金也对相关学科问题发布了支持计划。

（五）制导兵器弹道设计技术

在传统制导兵器领域，国内已经形成了较完整的制导兵器弹道设计体系，具备较为完善的针对包括反坦克导弹、火箭弹、制导炮弹、炮射导弹、制导炸弹、巡飞弹等在内的各类常规制导兵器的弹道设计理论和方法，并在工程应用方面取得了丰硕的成果。在弹道修正、增程弹道以及协同弹道设计方面，国内目前主要处于技术跟踪和部分工程应用阶段，在理论和工程上与国外先进水平仍有一定的差距。当前信息化战争形态正处于深度变革阶段，作战样式面临体系化、网络化和智能化的发展趋势，国外已经在体系化作战框架下，率先开展了制导兵器自主规划、智能决策、分布式协同等技术攻关和转化的相关工作。国内目前相应的跟踪研究尚未形成体系，理论研究不够深入，技术应用研究较为欠缺。

应尽快形成完整的现代作战体系概念，明确未来新阶段制导兵器作战需求牵引，充分结合大数据、人工智能、云计算等前沿支撑技术，结合先进控制理论、数值计算技术等，并与总体、动力、探测、制导、控制等紧密结合，进一步拓展弹道设计技术的内涵，形成满足现代战争需求的弹道设计技术，进而推动我国新一代制导兵器研制。

（六）制导兵器效能评估技术

国外对武器系统的效能评估技术研究主要是依托武器型号的研制，基于攻防对抗/作战虚拟验证技术实现的，当前已经走到了基于地面试验、飞行试验和攻防/体系作战大系统虚拟试验综合集成和效能评估验证的阶段，虚拟试验过程、虚拟试验规模接近于实战，效能评估的指标体系建立已经趋于完善。大量地面试验、飞行试验数据为效能评估提供了支持。高逼真度和可信度的虚拟数据又起到了减少导弹武器系统飞行试验次数的作用，可作为型号性能与效能的评估依据。

目前，发达国家在制导武器的开发、定型试验和采购过程中，已大量采用虚拟试验手段对整个武器系统以及主要部件的性能和效能进行了评估，提高了武器试验鉴定的质量，并提高了实际试验的成功概率。

以美国为代表，其基于美国武器系统效能工业咨询委员会（WSEIAC）提出的效能评估基本框架，对美军的神剑制导炮弹、战斧巡航导弹、宝石路激光制导炸弹等单一作战单元，海军的 CEC 系统、陆军的"网火"系统、联合直接攻击弹药（JDAM）等集群／体系作战系统，进行了从武器系统性能、武器系统作战能力、武器系统作战方案三方面的效能评估与分析，特别是近年来，美国正在积极地解决日益严重的"烟囱"式系统之间的异构互联问题，将以往建设的多个武器系统进行信息交联，协同作战，并对各装备的体系贡献度进行评估。

以法国、以色列、俄罗斯、意大利等国为代表，已经形成了较为完备的装备效能评估体系，效能评估作为武器系统性能和作战效能的有效量化评定手段，也始终依托虚拟仿真、飞行试验、集成试验等方式，基于大量试验数据的挖掘和分析，完成对系统效能的评定，并实现对设计过程的反馈。

效能评估技术已大量运用于各种武器系统装备中，纵观效能评估技术在军事系统中的发展历程，根据效能评估的方法，基本可概括为三个发展阶段：第一阶段，所使用的评估方法以统计学和军事运筹学两个学科的方法为主；第二阶段，所使用的评估方法以系统工程方法为主要特征；第三阶段，出现了神经网络等现代评估方法，定量方法在效能评估中逐渐成为主流。

与国外相比，国内的效能评估技术还存在一定欠缺。在作战效能评估技术方面，目前缺少完备的效能指标体系建立方法，大多是基于专家经验建立效能指标体系，且效能指标体系间的层级关系难以描述清晰。此外，由于实物试验的高成本限制，大量的虚拟试验数据真实性值得商榷，主要是针对复杂战场环境，缺少一体化合成环境模型系统，无法为制导兵器的综合仿真试验提供全过程、可交互、类型丰富的环境耦合模拟支持。在体系作战效能验证和评估方面，缺少体系层级效能或体系贡献度的评估手段。

（七）制导兵器组网协同技术

在制导兵器组网协同理论研究方面，美国麻省理工学院、空军研究生院等高校已经突破了分布式任务规划、分布式控制等关键技术，并基于成熟的无人机平台完成了飞行试验验证。国内国防科技大学、北京理工大学等高校近年在协同任务规划、协同制导控制等理论与方法研究方面，紧跟国际前沿开展了深入研究，并已取得了长足进步，目前在理论研究层面与国外的差距逐渐缩小，但研究成果普遍缺乏面向实战的飞行试验验证支撑。

在制导兵器组网协同工程项目进展方面，美国空军和雷神公司面向对敌防空压制／摧毁（SEAD/DEAD）任务，于2013年基于微型空射诱饵（MALD）、高速反辐射导弹和模块化设计的联合防区外武器（JSOW），开发了空射异构集群作战系统。美国于2015年开始的拒止环境协同作战（CODE）项目已完成了系统综合集成和飞行试验测试，表明了该系统已经具备在线动态任务规划能力，当前正在开展更大规模的自主飞行试验。美国"山鹑"项目已完成3架F/A-18F"超级大黄蜂"战斗机和103架Perdix微型无人机的集群演示验证，验证了系统所具备的大规模集群投放和协同任务执行能力。俄罗斯基于Π-700"花岗岩"超声速反舰导弹与SS-N-19导弹，开发了领弹与攻击弹的协同攻击方式。国内目前主要针对同构制导兵器系统，开展了地面集中式规划系统研究，并于2017年完成了同构制导兵器的协同飞行试验。但在异构制导兵器协同作战、制导兵器协同部署、制导兵器在线任务调整等多个方面仍与国际先进水平存在明显差距。面向未来智能化、无人化与网络化协同作战的需求，亟待开展组网协同技术的理论突破与工程应用研究，实现我国制导兵器集群协同作战的技术赋能。

四、发展趋势与对策

面向由于新型陆战场的作战变革，战场上多样化的作战需求推动制导兵器从单纯的反装甲武器向反人员、反掩体、反装甲等多用途方向发展。多平台、跨域作战等不同作战环境推动制导兵器与制导兵器总体设计技术的发展。信息化和智能化技术的发展和应用使现代战争形式和战场环境发生了深刻的变化。信息技术的发展和广泛应用使得现代战场范围在时间轴和空间轴上都得到了极大的延伸。制导兵器设计由传统的仅追求性能的设计理念发展到性能、成本、可靠性、安全性等综合考虑与平衡的系统工程、多学科优化与协同设计的集成设计理念，从而推动制导兵器先进总体技术向着知识驱动的智能设计、基于模型的系统工程、制导兵器大规模集群技术、装备智能化设计、低成本设计技术方向发展。

（一）知识驱动的智能设计技术

我国制导兵器多学科协同设计技术的发展呈现以下趋势：以多精度仿真模型为基础，结合多源数据信息与专家经验，构建制导兵器系统设计知识表征体系，通过多模型融合、机器学习、数据挖掘等新技术，实现制导兵器系统的降阶建模表征，定制高维智能优化算法实现设计空间的高效探索，持续完善制导兵器多学科协同仿真与设计环境，在缩短设计周期的同时充分挖掘装备设计潜力，助力我国制导武器装备的跨越式发展。针对以上趋势，建议我国制导兵器领域重点发展知识驱动的智能设计技术，具体对策包括：

1. 深度挖掘系统设计数据，形成知识表征体系

提取制导兵器关键性能指标，深入开展机理分析，建立不同颗粒度与计算成本的学科分析模型；充分挖掘仿真分析、地面试验、实弹打靶等环节长期积累的历史数据，整合专家设计经验，形成设计知识体系与知识库，在新型制导兵器总体设计阶段实现设计知识与数据的共享、重用与精准推送。

2. 突破异源模型融合技术，实现保精度降阶建模

强化先进试验设计方法与代理模型技术研究，探索学科模型降阶表征新手段；结合制导兵器研制中所积累的异源响应信息与多精度模型知识，开展异源多模型融合技术研究，实现制导兵器学科模型的保精度深度降阶。

3. 引入前沿新理论与方法，提升优化算法性能

引入机器学习、统计分析、数值优化、降阶建模等新理论或方法，提升多学科设计优化算法处理高维复杂黑箱问题的性能，缓解制导兵器多学科协同设计过程的计算复杂性；探索不依赖罚函数的高耗时约束处理机制，提升多学科设计优化算法的工程实用性。

4. 完善数字集成设计环境，提供先进工具支撑

运用基于模型的系统工程理论，完善数字化集成设计环境。集成设计环境中不仅包含气动、结构、动力、弹道、毁伤等设计、分析、仿真的专业学科模型与优化算法，还包含描述系统层面需求、参数、结构、行为的系统模型。明确专业学科模型与系统模型的关联关系。

（二）基于模型的系统工程技术

我国制导兵器总体设计系统工程技术的发展呈现以下趋势：借鉴国外体系设计经验，结合制导兵器特点与研制需求，建立制导兵器系统工程标准规范，根据顶层设计不同阶段任务需求，完善系统工程研究流程，建立基于模型的跨专业协同模式与并行机制，实现模型驱动的制导兵器系统协同设计，最终搭建制导兵器集成联试系统，进一步提升体系设计效率与质量。为此，建议我国制导兵器领域重点发展基于模型的系统工程技术，具体对策如下。

1. 建立制导兵器系统工程标准规范体系

梳理现有的制导兵器系统工程标准规范，借鉴国外相关体系设计经验，建立制导兵器系统工程标准规范体系框架，结合制导兵器研制特点，制定术语字典、设计规范、集成规范、试验规范、数据采集规范、评估规范等，保障在包括设计、研制、集成与作战运用的全寿命阶段各方理解的一致性，为体系作战能力的生成奠定基础。

2. 构建制导兵器系统工程研制流程体系

设立技术总体单位，以系统工程方式推进制导兵器体系建设，根据顶层设计不同阶段的需求，开发相应颗粒度的数字／半实物仿真系统，基于仿真试验对总体设计进行分析与

评估，在形成初步设计方案的基础上，通过实战和演练反馈，完善顶层设计方案，最终形成完善的制导兵器系统工程研制流程体系。

3. 探索基于模型的跨专业协同设计模式

建立覆盖制导兵器功能、需求、逻辑和物理的模型体系，为总体部门提供统一的、无二义性的设计信息交流工具，构建基于多级骨架关联设计的并行机制，实现模型驱动的制导兵器系统协同设计，解决传统基于文档的设计模式下人工协商多、复核复算多和设计可信度低的问题。

4. 加强制导兵器体系集成联试系统建设

搭建制导兵器集成联试系统，实现跨地域分布的制导兵器装备在模型、时统、协议、协同流程等方面的有效集成，解决异地异构装备互联互通问题，统筹安排制导兵器模型仿真验证、系统试验测试、体系集成试验、体系作战能力评估等项目，为实现基于模型的制导兵器系统工程提供有力的技术支持与环境支撑。

（三）制导兵器大规模集群技术

制导兵器大规模集群作战具有集群替代机动、数量指增能力、成本创造优势的特点，是一种能够改变作战规则的颠覆性技术，必将成为我军未来制导兵器应用的重要作战样式。当前，制导兵器集群技术的发展趋势主要包括：由人工指挥的中小规模协同作战向少量人员监督下的大规模集群自主协同作战发展；制导兵器作战规则由考虑低对抗简单环境向高对抗复杂环境转变；制导兵器规划控制系统由离线规划控制向在线自主规划控制转变；制导兵器集群作战能力由执行单一简单任务向执行具有耦合关系的多类型复杂任务拓展；集群指控方式由集中式指挥控制向基于分布式体系架构的智能自主化作战发展。

针对新型作战样式的出现和集群作战发展的趋势，我国亟待突破大规模集群作战关键技术，构建集群作战系统平台，避免在作战样式上与外军出现代差，保证我国的军事安全。对此，需要在发展察、打、评一体化制导兵器的基础上，重点研究制导兵器集群的无中心自组网通信、战场态势协同感知、集群任务智能规划、分布式编队控制、异构协同制导和集群自主控制等关键技术，并构建制导兵器集群自主攻防对抗推演仿真系统，开展制导兵器集群作战效能评估研究，最终形成以多单位、跨领域的制导兵器为作战单元的集群自主作战体系。

（四）制导兵器装备智能化技术

随着制导兵器的飞行环境越来越多变、飞行任务越来越复杂，对其性能提出了更高的要求，诞生了诸如多任务、多目标、目标重瞄、察打一体等多种新需求，一般制导兵器难以满足特殊任务环境的需求，以智能化作战需求为出发点，以提升作战效能为着力点，发展以智能制导兵器为代表的执行具体实战任务的核心智能武器，实现制导兵器装备超常规、跨越式发展，加快推进智能武器装备实战能力的生成，使制导兵器智能化成为的研究热门方向之一。

制导兵器智能化指在飞行过程中制导兵器可通过集成在飞行器内部的敏感元件信号采集与分析决策系统、执行机构的作动装置，自主改变形体，对多变的外界环境做出即时响应，以保持在不同飞行条件下的最优状态。与一般制导兵器相比，智能制导兵器有着诸多优势和潜力。通过智能化改善飞行器状态，适应起降、巡航、机动、盘旋侦察、对地攻击等多种使用需求，保持最佳气动性能；使得新一代制导兵器在速度、高度变化范围广泛的区域，达到良好作战使用性能；改善制导兵器动力性能，拓宽其跨高度、跨速度稳定工作域，提高推进效能；形成新的舵面设计方法和流动控制方法，有效提高飞行器操纵和控制效能；改善制导兵器的抗风稳定飞行能力，保持低能耗长航程飞行。

智能化制导兵器是一种全新概念的多用途、多形态制导兵器，相比传统制导兵器而言，其更加智能，且环境适应能力强，同时适应网络化作战。智能化制导兵器能够根据飞行环境、飞行剖面和作战任务等的需要进行自适应变形，使飞行航迹、飞行高度和飞行速度等机动多变、灵活自如，以发挥制导兵器最优的飞行性能。它是一种具有"智能"功能的、按需应变的新概念制导兵器，是"制导兵器智能化"的重要体现，将对未来高技术飞行器的发展产生巨大影响。同时，智能化制导兵器研究包括了空气动力学、结构动力学、气动弹性力学、智能材料和结构、飞行动力学和现代控制理论等多个学科，是未来制导兵器发展的重要方向。

智能化制导兵器总体设计涉及多个学科，对各个分系统都提出了比传统飞行器设计更高的要求。深入开展智能化制导兵器总体优化、动力学建模问题、飞行控制、智能材料与结构、高性能制动器及其控制、分布式传感网络、信息融合、战场态势感知等相关技术的研究以达到制导兵器的结构、性能和控制方面的智能化，通过自主学习、认知等技术实现复杂战场环境下态势感知，基于弹群攻击智能协同技术提升探测打击效能；同时利用智能装备故障诊断技术提高武器系统全寿命周期的保障能力，进而从整体上提升制导兵器的作战效能。

（五）制导兵器低成本设计技术

在制导兵器研发与采购过程中，"经济可承受性"是一项重要考虑因素，即低成本设计是当前研究的一个重要方向。通过进行顶层体系策划、总体设计、低成本关键器件、组件研究以及采用成熟军用技术、商用现成技术和多部件集成技术、减少零部件数量等方法，实现制导兵器成本的大幅降低。为实现制导兵器技术的低成本化发展：一是为制导兵器研制低成本制导控制器件；二是利用低成本制导组件实现非制导兵器的制导化改造，使其成为"经济可承受"的制导兵器。以新技术、新理念带动装备发展，通过顶层设计，改变制导模式，提高效费比，减少附带毁伤；采用低成本制导方案总体技术、导引控制一体化总体技术、"人在回路"低成本精确打击技术、低成本组网协同等途径，来降低成本，提高作战效能。

在研制新一代制导兵器时，注重模块化、通用化和系列化设计技术，在已有型号的基础上改进改型，发展适应多作战平台、多军种通用、模块化的设计思想为一种平台搭载多种战斗部、导引头或以一种平台为基础衍生射程和打击目标不同的型号，目的都是减少平台的研制费用，降低单价。此外，大量采用现有技术或直接利用其他型号的组件或部件进行集成，可显著缩短研制周期，降低费用。

探索低成本导航与导引器件的研究工作，研究低成本MEMS惯性测量装置技术，利用低成本末段导引头和先进的系统级组装技术，使导引头电子器件体积减小，成本降低；采用新材料和新工艺、非制冷红外成像探测器、MEMS惯性敏感器等技术途径降低探测器成本，实现制导兵器探测技术的低成本化。

同时，通过制导炸弹组件、炮弹用精确制导组件（PGK）、超低成本组件、弹载一体化处理机、低功耗执行机构等来实现新研弹药的低成本设计。

简言之，随着战场攻防对抗体系的升级演变，新的作战样式和需求赋予了制导兵器总体设计新的技术内涵。同时随着智能技术、系统工程技术、多学科设计技术、协同设计技术等的发展，制导兵器先进总体设计技术将迈入新的阶段，也将为推动制导兵器的进一步发展奠定基础。

参考文献

［1］蒋孟龙. 参数化模型驱动的战术导弹多学科集成设计［D］. 北京：北京理工大学，2015.
［2］李学亮. 自寻的导弹总体方案设计及弹道优化［D］. 北京：北京理工大学，2016.
［3］赵成泽. 中远程面对空导弹多学科优化技术研究［D］. 西安：西北工业大学，2016.
［4］王东辉. 导弹多学科集成方案设计系统及其关键技术研究［D］. 长沙：国防科技大学，2014.
［5］周健，周喻虹，强金辉，等. 基于多学科优化的导弹总体参数设计［J］. 弹箭与制导学报，2010，30（4）：19-22.
［6］龙腾，刘建，WANG G G，等. 基于计算试验设计与代理模型的飞行器近似优化策略探讨［J］. 机械工程学报，2016，52（14）：79-105.
［7］周健，龚春林，粟华，等. 飞行器体系优化设计问题［J］. 航空学报，2018，39（11）：102-114.
［8］VIANA F A C，SIMPSON T W，BALABANOV V，et al. Special section on multidisciplinary design optimization：Metamodeling in multidisciplinary design optimization：How far have we really come？［J］. AIAA journal，2014，52（4）：670-690.
［9］施雨阳. 远程空空反辐射导弹总体优化设计技术研究［D］. 西安：西北工业大学，2015.
［10］桂敏锐. 基于可靠性的超音速反舰导弹多学科设计优化［D］. 哈尔滨：哈尔滨工程大学，2014.
［11］WILLCOX K E. From commercial to X-planes，a year of design progress［EB/OL］.［2018-12-07］https：//aerospaceamerica.aiaa.org/year-in-review/from-commercial-to-x-planes-a-year-of-design-progress/.

［12］ 程力睿，张顺健，胡振彪. 基于仿真实验对 SINS/GPS 制导炸弹干扰效能评估的方法［J］. 弹箭与制导学报，2015，35（4）：51–59.

［13］ 段菖蒲，王代智，陶晶. 某型激光末制导炮弹武器系统效能分析［C］// 首届兵器工程大会论文集，重庆，2017.

［14］ 李海燕，巫银花，冯伟强，等. 一种改进的机载反辐射导弹作战效能评估方法［J］. 火力与指挥控制，2017，42（9）：65–69.

［15］ 王志坚. 导弹部队协同作战的组织和效能评价研究［D］. 哈尔滨：哈尔滨工业大学，2010.

［16］ 中国航天科工集团第三研究院三一〇所. 世界国防科技年度发展报告（2016）——精确制导武器领域科技发展报告［M］. 北京：国防工业出版社，2017.

［17］ Technology horizons：A Vision for Air Force Science and Technology during 2010–2030.Technical report，Office of the Chief Scientist of U.S. Air Force，2010.

［18］ S. Leary，M. Deittert，J. Bookless. Constrained UAV Mission Planning：A Comparison of Approaches［C］. 2011 IEEE International Conference on ICCV Workshops，2011.

［19］ Y. B. Sebbane. Planning and Decision Making for Aerial Robots［M］. Springer International Publishing，2014.

［20］ 宋瑞，杨雪榕，潘升东. 智能集群关键技术及军事应用研究［C］// 第五届中国指挥控制大会，北京，2017.

［21］ 孙鑫，陈晓东，严江江. 国外任务规划系统发展［J］. 指挥与控制学报，2018，4（1）：8–14.

［22］ 梁晓龙，孙强，尹忠海，等. 大规模无人系统集群智能控制方法综述［J］. 计算机应用研究，2015，32（1）：11–16.

［23］ S. Chung，A. Paranjape，P. Dames，et al. A Survey on Aerial Swarm Robotics［J］. IEEE Transactions On Robotics，2018，34（4）：837–855.

［24］ 贾高伟，侯中喜. 美军无人机集群项目发展［J］. 国防科技，2017，38（4）：53–56.

［25］ 唐胜景，史松伟，张尧，等. 智能化分布式协同作战体系发展综述［J］. 空天防御，2019，2（1）：6–13.

［26］ 刘丽，王淼，胡然. 美军主要无人机集群项目发展浅析［J］. 飞航导弹，2018（7）：37–43.

［27］ 杨树兴，牛智奇. 陆战场中远程火力打击装备技术发展与思考，2018.

［28］ 牛智奇. 陆战场高超声速武器技术发展分析，2018.

制导兵器发射技术发展研究

一、引言

弹药发射在强调精确化的基础上，逐渐对超远射程提出了更高要求。超远程发射技术是指对射程超过 300km 弹药的发射，该类型弹药兼顾对点和对面的双重打击，弹药多样性和发射机动性对发射平台提出了更高的要求。

我国射程 280km 制导火箭弹由远程发射平台发射，该平台采用箱式发射技术，实现了多弹种共平台发射，也是目前可用于远程精确打击发射任务的发射系统。该火箭炮的技术起点高、任务剖面广，可满足陆军几十公里至几百公里火力打击的需要，可发射各类普通火箭弹和制导火箭弹，射击精确度已经达到世界先进水平。

近年来，随着战争新态势的不断发展，对武器装备的机动性提出了新的更高要求，要求发射平台具备陆路、水路和空运等多途径机动方式，尤其是空运和空投机动时，武器装备与运载体之间的关联和约束是装备研制面临的一大难题。目前我国已列装的火箭炮主要有 122mm 和 300mm 系列。122mm 的射程维持在几十公里的范围内，单发火箭弹的质量约为 70kg，配置多种类型战斗部时，可完成对目标的杀伤和爆破以及攻坚和干扰等任务，其射程和战斗部质量适合用于作为突袭作战的关键装备。

火箭炮的发射一直以来都是借助于火箭发动机的自力实现的，即火箭弹点火后依靠发动机推力产生运动加速度。采用固体火箭发动机为推进动力装置的火箭弹，在发射初期受火箭弹重力的作用，需要发动机提供瞬间大推力才可以克服火箭弹的惯性载荷。对于中小口径火箭弹而言，推力质量比（推力加速度）可以达到比较高的水准，如 122 火箭弹的推力加速度约为 30g。但是对于质量 2~3t 的火箭弹来说，达到同样的推力加速度，发动机的推力将达 600~900kN，这对于发动机的结构设计不利，而且推进剂利用率也比较低。

发动机提供瞬间大推力需要推进剂燃烧在较高的工作压强下以及具有较大的质量流率，这样不仅造成发动机壳体的无效质量增大，还会造成推进剂装药在发射初期的做功效率不高，由此带来的发射技术方面的革命则是借助于发动机以外能量为火箭弹提供发射动力，即使用助力发射技术。在战略和战术导弹的垂直发射中，经常采用压缩空气或者燃气助推，即利用气体膨胀做功的原理实现火箭弹的助力发射。助力发射形式上解决的是发射初期火箭弹的惯性问题，提升的却是火箭弹的整个性能，因为发射初期所需的较大推力使得发动机燃烧室压强较大、燃烧室壳体壁厚较大，同时装药结构在很大程度上要满足这一段时间的推力。借助于其他能量克服初始阶段的惯性载荷，给予火箭弹一定的推力，对于火箭弹威力的提升是有利的。

除气体膨胀做功方式外，"十三五"期间，电磁动力弹射技术也被引入到火箭弹发射领域，并且已经取得了明显的成果。

二、最新研究进展与现状

（一）超远程发射平台技术

超远程发射平台采用了诸多新技术，经过近十年的基础性研究、关键技术攻关和工程研制，其整体技术性能已经达到国际领先水平，将成为陆军第四代火力打击的重中之重装备。超远程发射平台将使我国野战火箭炮技术水平提升到一个前所未有的高度。

超远程发射平台采用箱式共架发射技术，主要攻克了大变负载发射系统结构优化与振动控制、储运发一体化发射箱、平时大闭锁发射零闭锁的燃气驱动闭锁机构、火箭炮网络化及信息化电气接口与一体化火控等关键技术，实现了箱装口径 300mm 射程 70km 与 150km、箱装口径 370mm 射程 280km、箱装大口径大射程各类制导火箭弹的共平台发射和混合使用，共架发射极大程度地满足战术甚至战略需要。

1. 大变负载发射系统结构优化与振动控制技术

超远射程弹药的质量和几何尺度较中小射程而言有了大幅度的提高，单枚弹药的质量可达数吨。发射过程随着弹药的运动，其对发射平台的作用发生较为明显的变化，加之大质量弹药的在轨（定向器内）运动时间长，发射平台的刚度以及强度问题凸显。为了确保大的弹架比（发射弹药和发射平台的质量比），发射平台的结构设计超越了现有的设计准则，一些传统的设计方法不再能满足需要。超远程发射平台通过采用结构优化方法和合理刚度设计原则等，解决了大变负载发射系统的结构问题，满足了平台对多弹种的共架发射。发射过程发射系统的振动对弹药的影响主要体现在起始扰动，如何有效控制起始扰动一直以来都是一个严重的问题。主动控制和被动控制技术在发射平台上都有应用的先例。对于大质量、大惯量弹药，主动控制受控制过程动作频率和机动性的影响，控制效果较低。被动控制则是利用发射平台与被发射弹药之间的动态特性关系，通过结构设计得以保证发射过程弹药的良好姿态和较弱的扰动影响。超远程发射平台正是采用了这种方法，才确保了发射平台的发射精度。

2. 燃气驱动闭锁解脱技术

受闭锁机构的约束，火箭弹在运输和行军过程是被禁锢于定向器或者发射箱的。在闭锁机构的设计准则中规定，为了确保行军时的可靠闭锁，闭锁力一般按弹质量的 2~3 倍过载予以设计。这样，即使是适用于 PHL03 火箭炮发射的质量约为 850kg 的火箭弹，闭锁力也达到了 25kN 以上。超远射程弹药的质量往往超过 3t，照此计算的闭锁力将高达 90kN 以上。这么大的闭锁解脱力将对总质量约为 45t 的发射系统产生强烈的冲击载荷作用，极大地引起发射平台的振动，造成火箭弹的发射起始扰动。

为了解决这一问题，在超远程发射平台上，设计了依托燃气解脱的新型闭锁机构。该机构利用发动机的燃气做功，在发动机正常点火、燃气流出喷管后冲击闭锁机构作动筒，在机构的作用下，闭锁机构在几乎零闭锁力的条件下释放被约束的火箭弹，实现发射时的零闭锁。该项技术的应用很好地解决了闭锁解脱力引发的发射系统振动问题。

（二）轻型高机动平台技术

高机动发射平台主要发射箱式 122mm 火箭弹，基于不同底盘派生出轮式平台和履带式平台两种型号，满足未来陆军快速渗透、快速部署下密集火力的需要。其设计思想是，可实现战役甚至战略级的快速机动部署，具备火力迅猛、快速投送、广域机动等多重特点，能够有效适应高原高寒、山岳丛林等特殊作战环境的需要，对优化陆军装备体系、提升陆军作战能力具有重要作用。

122mm 高机动发射平台解决的关键技术主要有：

1）采用箱式发射开放式发射平台的火箭炮总体技术，实现了发射平台对多弹种的适配性，用一种发射平台既可以发射 122mm 系列火箭弹，也可以发射其他口径的火箭弹或导弹；

2）储运发箱技术攻关主要是针对储运发箱集成、非金属定向管的结构优化、定向管前后密封盖，保证储运发箱的储存、运输和发射功能、互换性能、箱炮结合后的总体性能，储运发箱体为一个整体框架结构，能很好地保证储运发箱的刚强度，整体集成的储运发箱具有刚强度好和管间平行度易于保证的特点，可提高系统的精度；

3）定向管密封盖开盖技术，通过控制开盖力，既确保了发射时引信撞击的安全，又保证了在火箭弹高温高压燃气流场作用下其他未发射的定向管前盖的完好性，且通过非对称开盖结构设计，使前盖飞行具有一定方向性，避免了连续射击时前盖在开盖后的飞行过程中出现与火箭弹之间的干涉现象，从而保证了发射过程的可靠性、安全性；

4）箱炮电连接器自动插接技术，采用专用电连接器通过自动插接方式实现对火箭弹电信号的传递，在非插接状态下储运发箱发射和装定回路处于短接状态，并对非金属定向管采取防静电措施，提高了系统安全性。

高机动发射平台采用储运发一体的箱式发射技术，带弹量大，配备信息化火控系统，具有反应快速、火力迅猛等特点，可发射 20~40km 122mm 系列火箭弹；经改进升级后既适用于发射网络巡飞弹，也可发射 220mm 激光末制导火箭弹，实现了多种弹药共架发射目的。高机动发射平台担负陆军对战术纵深内点目标的精确打击和协同封控等任务，弥补了炮兵火力对时敏目标、活动目标和有遮挡等类型目标打击能力的不足，更好地适应了未来陆军对信息化、网络化作战的需求，提升了作战效果和我陆军对战场的掌控能力。

（三）电磁动力弹射技术

将电磁技术引入火箭弹的发射，创新出新一代野战使用的电磁火箭炮，解决发射初期发动机的瞬时能量释放问题，火箭发动机在此基础上的结构与装药形式将发生革命性的变化，为低成本发动机的实现奠定基础。电磁火箭炮技术需要突破发射过程动力载荷的设计与分配，大刚度起落架设计，大推力、强过载高低机设计与分析，发射系统振动规律设计与控制，电磁推进装置的电磁屏蔽与防护，发射过程力学性能的理论分析与实验等关键技术；研究电磁推进技术功能与性能野战环境下的设计与实现方法，使电磁推进装置在日常维护、行军和作战等过程满足野外环境使用要求；开展电磁火箭炮的工程化设计，使电磁推进技术与野战火箭炮理念相结合，实现电磁火箭炮技术的演示验证。

电磁火箭炮与传统火箭炮存在许多不同，其主要体现在发射过程的能量来源和载荷作用的不同。这些差异将带来火箭炮设计的巨变，诸如刚强度设计原则、振动规律设计原则、发射控制技术与策略等。现有教科书的知识也将跟不上形势的需要，在设计方法上也需要突破与创新。

电磁推动火箭弹发射技术在"十三五"预研中已经得到了验证，可以发射经过改进的匹配火箭弹，极大地提高射程和战斗部质量。可以证明，借助于外部动力克服火箭弹运动初始时刻的惯性，有利于发动机的结构改进和提升发动机的做功效率，进而提升作战效能、降低作战成本。

电磁推动发射技术虽然可以实现火箭弹的发射，但是由于其自身质量占比太大，被发射的有效质量受到限制，这样造成单个发射系统的定向器数量偏少，无法发挥火箭炮的群射效果，因此，并不适合陆军用野战火箭跑，但对于固定岸防和岛礁值守武器装备具有一定的优势。既然助推发射可以有效地提升发射效能，那么冷弹射技术是否可以适用于野战火箭炮也可以作为一个发展方向；另外，是否可以利用现有火箭发动机的燃气进行再做功，助推火箭弹的发射也是一个可以思考和实践的方向。

（四）单兵火箭发射技术

单兵发射武器系统用于在近距离打击坦克、装甲车辆、步兵战车、装甲人员运输车、军事器材和工事等。由于质量小、结构简单、价格低廉、使用方便，得到了国内外的广泛关注和研究，在历次战争中均发挥了重要作用。我国具有代表性的单兵反坦克火箭筒有 PF98 式 120mm 反坦克火箭筒、DZJ08 式火箭筒等，具有代表性的单兵反坦克导弹有红箭 -8、红箭 -11、红箭 -12 等系列。

单兵火箭 / 导弹发射系统的发射方式有肩扛式发射、便携式发射、智能穿戴式发射等多种形式，既可单人作战，也可多人拼组作战，具有目标隐蔽、出其不意的特点。近几年随着工业水平的不断发展，新材料技术的变革与工程化应用的实现，使得单兵武器系统设计越来越轻便，大大增加了系统射程、毁伤能力、机动性与操作性。后滑缓冲技术的突破使得单兵武器系统由抛筒式、高低压无后坐式发展到同口径不抛撒式，降低了单兵武器系统的后座冲量，提高了系统发射稳定性。软发射技术的突破使得最新的单兵武器系统具备有限空间发射能力，如 PF98 式 120mm 反坦克火箭筒具有威力大、夜战能力强、射击精度高、重复使用能力强、发射稳定性好等优点，但存在发射噪音大、后喷严重、危险界大、系统较重等缺点；而采用封闭式平衡抛射发射原理设计的 DZJ08 式火箭筒具有微光、微声、微烟等优点，能够在密闭空间实现隐蔽发射。智能化技术的突破，使得单兵作战形式由单兵配备单一火箭发射器，发展到目前单兵配备整套发射制导装置进行发射，由"人在回路"的直瞄式武器系统，发展为"打了不管"模式，单兵武器系统既可成为作战武器系统的一部分，又可成为一个独立的作战单元，同时大大降低了复杂环境对单兵武器系统的影响，提高了武器系统命中率、士兵发射安全性和战场生存率。我国近几年新研制的某轻型反坦克导弹武器系统就是"发射后不管"的新一代便携式轻型反坦克武器，具备微烟、微焰、微声、微后座（"四微"）软发射和全天时作战能力，具有曲射攻击和直射攻击两种方式，主要用于攻击主战坦克、装甲战斗车辆和坚固工事等目标。随着智能化技术和人工智能技术的新发展、新突破，新型智能头盔可逐步实现自动全天候目标搜索，且自适应发射制导装置，使得单兵武器系统能更多地实现功能集成化，目前我军已开展单兵智能穿戴式发射技术的研制。

（五）遥控武器站技术

遥控武器站是指可以安装在多种平台上的、相对独立的、模块化、通用化武器发射控制系统，一般由全电驱动的无人炮塔和操控单元两大部分组成。通过采用作战任务管理系统、智能化火控系统、综合电子系统等技术，遥控武器站的各类电子、电气设备通过分布式网络体系结构进行信息共享和功能综合。从操作任务配置、功能清单确定、流程逻辑制定、显控操控界面、人机融合环境、威胁信息识别库、任务数据库文件、网络结构与总线架构等系统顶层，进行体系规划和架构安排，实现了设备硬件体系、软件模型系统、接口协议标准、数据规格规范、智能化算法体系、电气系统的综合化。采用智能配电系统可对所有用电设备状态进行全自动控制，实现了车辆电源管理的数字化。

遥控武器站现已成为各军事大国积极研发和装备的对象，在装甲车、主战坦克、军事舰艇、无人地面车辆上都能看到它的身影，国内从 21 世纪初开始遥控武器站的研发工作。

在智能弹药领域，红箭-9、GT6、红箭-10等遥控武器站达到了国际先进水平。如红箭-10多用途导弹发射车采用顶置式遥控武器站，储运发一体箱式倾斜发射，发射装置方位及俯仰运动采用电动伺服驱动方式；以综合管理与发射操控技术为核心，实现发射车工作流程管理、设备管理、目标信息获取、信息交联控制、人机交互和导弹发射控制等操作，彩色夜视融合技术、多视窗综合信息技术、集成式多任务操作系统等技术的应用，大大提升了整车人机环性能，信息化程度高。人在回路光纤可视式连续发射技术，显著提高了火力打击的快速性和灵活性。该发射车综合性能居国内领先，达到国际先进水平。

此外，我国出现了多款安装于各型装甲车辆顶部的遥控武器站。某国产88式5.8mm通用机枪遥控武器站由武器系统、观瞄跟踪系统及火力控制系统组成，整个系统融为一体。武器系统采用新型5.8mm 6管转管机枪，600发弹箱供弹，安装在车辆平台上使用，可提供较强的火力压制。UW4型遥控武器站供出口所用，武器系统包括一台30mm自动火炮、一台7.62mm机枪、12个发烟榴弹发射器以及常用传感器。北方公司的某小型遥控武器站，安装在1000kg轮式6×6无人平台上，武器系统是一小口径轻武器。

某30mm小口径火炮遥控武器站由火控系统、火力系统和辅助装置组成。火控系统包括由光学摄像机、测距仪、红外成像仪等装备组成的观瞄子系统和控制炮塔旋转、武器指向稳定性的伺服子系统，以及负责解算射击条件的火控计算机和交给射手进行操纵的操控终端。火力系统包括了一挺中小口径的并列机枪。基于现在流行的模块化设计，这些武器配置和观瞄子系统的光电设备一样，都可以根据作战需求和客户经济能力进行自由组合，比如可以加上反坦克导弹，形成中远距离上的攻坚能力。

当前军事强国率先在遥控武器站系统中实现了反坦克导弹等智能弹药的配置，增强了遥控武器站的火力强度，拓宽了打击任务边界，并具有不断在无人小型战车中增强火力配置的趋势。

三、国内外发展对比分析

（一）超远程发射平台技术

现阶段，我国陆用野战火箭跑的技术水平，无论是在最大射程、射击精度、多功能性等方面，均处于世界先进水平甚至是领先水平。例如出现在70周年国庆阅兵展上的某火箭炮实现了多弹种共架发射功能，世界范围还未见其他国家研发此类装备。可以说，我们国家的火箭炮技术，经过近60年的模仿与追赶，终于实现了技术领先和反超，成为世界舞台上的佼佼者。

（二）轻型高机动平台技术

在积极推动陆军转型的大背景下，世界上主要军事大国都十分重视轻型高机动箱式火箭炮发展。美军专为轻型师设计的"海马斯"轻型高机动箱式火箭炮，主要装备于轻型师、空降部队、海军陆战队和轻、重混合型的部队。该炮采用5t级中型战术卡车为底盘，战斗全重13t，可采用C-130"大力神"运输机空运，可快速部署到全球任何地点。其高机动性能非常适于道路狭窄和机动空间有限的战区，能够迅速地进入机动作战区域纵深，满足多种任务需求。与M270多管火箭炮共用储运发箱弹药系列，每炮一个储运发箱，每箱6管，可以发射45km无控火箭弹、70km制导火箭弹和160km、320km的陆军系列战术导弹，能完成火力遮断、反火力、打击纵深目标等多种战役战术任务。

英国也曾将高机动火箭炮系统LIMAWS-R列入研制计划，拟装备英陆军轻型旅。LIMAWS-R系统采用Supacat车辆6×4底盘，并集成有可升降式轻型装填模块和自动再装填系统，炮重8.8t，适合空运或直升机吊运。弹药系统与M270A1式多管火箭炮系统（MLRS）弹药兼容，可发射6联装227mm无控火箭弹或1枚陆军战术导弹。该轻型高机动箱式火箭炮样机已经经受一系列机动性、空运性、涉水性和射击试验，结果证明其研制是成功的。

俄军同样注重发展类似轻型装备，早在20世纪70年代中期就为其空降部队装备了BM21-V型122mm火箭炮。

韩国在2007年初的阿布扎比防务展中，展出了其自行开发的MBRL轻型70mm口径多管火箭炮系统。该炮重为3.86t、32管，LRM 4×4轻型卡车底盘，可发射三种类型的非制导70mm火箭弹，最大射程8km，主要为轻型部队提供火力支援。

（三）电磁动力弹射技术

电磁弹射技术在火炮上的应用研究已经开展了近20年，美国等国家已经取得了一系列的研究成果。除了发射火炮弹丸以外，海基、空基有效载荷的电磁弹射也有一定程度的研究和应用。例如用于航母舰载机的电磁弹射系统，已初步应用在美国的航母上，助力舰载机的起飞。

航母电磁弹射装置是目前最先进的飞机起飞装置，它不但适应了现代航母电气化、信息化的发展需要，而且具有系统效率高、弹射范围广、准备时间短、适装性好、控制精确、维护成本低等突出优势，是现代航母的核心技术和标志性技术之一。美国将其视作实现"空海一体战"的利器和领跑世界航母技术的关键，已于2014年配备在"福特号"航母上。电磁弹射技术应用于航母，将显著提升航母的综合作战能力，滑跃和传统弹射类型的航母将难以对电磁弹射航母构成实质性威胁。英国"威尔士亲王号"航母也将改装电磁弹射器，俄罗斯、印度新一代航母方案也将采用电磁弹射方案。

电磁发射具有成本低、操控安全、适应性强、能量释放易于控制、可重复快速发射等优点，为快速、低成本地向太空投送小卫星和物资提供了新的思路。20世纪80年代，美国航空航天局（NASA）开始进行电磁线圈推射技术的概念性研发工作。1980年，美国的研究人员在威斯汀豪斯研究和发展中心用电磁炮成功地发射了一颗质量为 317 克的弹丸，其飞行速度为 4.2km/s。NASA 尝试修建一个长 700m、仰角 30°、口径 500mm 的电磁线圈巨炮，将 2t 的火箭加速到 4~5km/s，推送到 200km 以上的高度，使用这个系统可重复发射小型卫星或者为未来兴建大型近地空间站提供廉价的物资运输。1990 年初，美国 Sandia 国家实验室设计了一种线圈型电磁发射装置，由 9000 级驱动线圈组成，发射装置长 960m，倾角 25°，计划将 600kg 的电枢和 1.22t 的飞行器加速到 6km/s，加速度高达 2000g。目前，NASA 正在开展工程应用前期论证，研究"电磁 + 火箭"复合发射方式，已看到初步应用前景。

将电磁应用于火箭导弹的弹射发射，国外未见报道。

（四）单兵火箭发射技术

国外近几年在单兵武器系统发射技术方面突破了许多关键技术，如"发射后不管"、有限空间发射等。

瑞典萨伯公司研制的"卡尔 – 古斯塔夫"武器系统是种多用途无后坐力单兵便携式肩射武器系统，在几乎任何作战环境下为部队提供直接火力支援，现已研制出第四代 M4"卡尔 – 古斯塔夫"火箭筒，采用新型碳纤维复合材料，使得 M4 相比 M3 减重 30%。采用有限空间发射技术，推出了第一种由可重复使用的火箭筒从密闭空间发射的火弹 655CS–HEAT，火箭弹初速可达 205m/s，有效射程超过 300m，战斗部解除保险距离为 9~20m，可穿透 500mm 厚的钢装甲。采用预留的智能瞄准具技术，配有激光测距机和弹道解算器，能快速分析弹道数据并可考虑发射药和气温的变化，使射手能够为弹药编程，该项技术使得该发射筒可兼容发射未来灵巧弹药。

瑞典博福斯军械公司研制的 AT–4 反坦克火箭武器采用高低压药室燃烧方案和无坐力炮发射原理，是一款经过实战验证的极为优秀的便携式反坦克武器，具有质量轻、成本低、射击精度高和有限空间发射等优势，不仅能打击坦克等地面车辆目标，还能高效打击登陆艇、飞机和直升机等目标，可为固定设施、补给站及其他重要资产提供防御，目前已成为该类单兵武器的佼佼者。尤其是 AT4 CS 型反装甲武器，其发射方式采用平衡抛射，用液体作平衡抛射物，同时起到冷却后喷燃气的作用，该技术使该武器可在 22.5m^2 的密闭空间里发射。

美国"标枪"是一种由可重复使用的制导发射装置和弹组成的世界上第一种"打了不管"、肩射、便携中程反坦克导弹，由单兵或兵组在昼夜及有限能见度条件下使用。采用初始低推力和低烟推进剂技术，形成软发射能力，大大降低了发射后坐力，减少了后喷焰和扬尘，增强了隐蔽性，使标枪可从狭小的建筑物内或掩蔽阵地上发射。

欧洲导弹集团 MBDA 研制的 MMP（中程导弹）是新一代陆地战斗导弹，单兵可采用三脚架在有限空间发射，"打了不管"，其按坐标发射模式可以打击非瞄准线目标。

以色列研制的"长钉"家族导弹是智能反坦克导弹，其战斗模式既可以射后不管，也可以采用"发射＋观察＋修正"模式，甚至还可以采用发射并全程操控模式。轻型、便携、发射后不管、有限空间发射是"长钉"家族导弹用于单兵发射的鲜明特点。

（五）遥控武器站技术

美国是研制和装备遥控武器站最早的国家。遥控武器站已成为美军多种装甲车辆的制式装备，包括装有城市作战生存力组件的 M1A2 坦克，防地雷反伏击车（MRAP）和"汉姆威"无人战车等，已装备的遥控武器站包括 XM101 和"保护者"两种。其中 XM101 通用遥控武器站（CROWS）是轻型双轴稳定式遥控武器站，配备 18 倍连续变焦红外热像仪、27 倍连续变焦昼用瞄准具、激光测距机和弹道解算计算机，探测距离达 5km，识别距离达 2km，可安装 5.56mm 班用机枪、7.62mm 轻机枪、12.7mm 重机枪、40mm 榴弹发射器，同时加装了高性能光纤陀螺系统，它可为遥控武器站提供精确的光学稳定功能，实现行进间精确打击目标。

"保护者"遥控武器站可配备各种口径机枪和自动榴弹发射器，还能选配"标枪"反坦克导弹，配备了激光测距机和武器稳定系统，将制冷式热像仪更换为非制冷式，提高了夜间及不良条件下的目标识别能力、行进间作战能力和打击精度；改装了弹箱和新型武器架，以适应多种武器安装要求；减少了非必要的烟雾弹发射装置，增加了防护装甲，使其结构更为简单但防护能力更强。近几年，挪威康斯伯格公司还对其"保护者"系列武器站进行改进，增加了反坦克导弹，拓宽了遥控武器站的战斗边界，丰富了可执行任务的复杂性和难度，有力地提高了配置该型武器站装甲战车的战斗力。

美国 MOOG 公司设计的 RlwP 武器站系统为战场提供了多种武器选项，能提供先进的火力控制，具有战区内用户可重新配置的能力，同时具有高度集成的可视化操作界面以及网络功能。RlwP 提供了超过 125 种配置，包括导弹、直接射击武器、非致命慑物等，可以由战士在现场进行快速重新配置。除此之外，MOOG 公司还为导弹发射台提供了综合炮塔设计，系统包含由线路替换单元、炮塔控制显示组件、电机控制单元等多组组件，为实现反坦克导弹的集成和使用提供了研究素材。

以色列是以实战推动遥控武器站的快速发展。早在 20 世纪 70 年代末提出了为装甲车辆发展遥控武器站的设想。"壮士 –30"是其最为典型的代表，它采用双向稳定结构，配备 10 倍连续变焦昼视彩色 CCD 和红外热像仪，其作用距离超过 4km，可以昼夜观测 1 识别并自动跟踪目标，可配装 7.62mm 机枪 1 自动榴弹发射器 1 小口径自动炮和"长钉"反坦克导弹发射架。

"壮士 –30"完全顶置，可安装在任何轻装甲高机动战车上，它的最大特点是采用新颖的升降式支座机构，可将武器升高增大俯仰角，亦可降低后由中型运输机空运，该武器站已装备以军的主战坦克、装甲输送车和高机动多用途轮式车，并在加沙地带进行了实战部署。为进一步提高遥控武器站对抗简易爆炸装置的能力，以色列还准备为"壮士"系列武器站总装"雷神"定向能武器，它可以在安全距离内导致简易爆炸装置烧毁或者降级爆炸，从而使之丧失攻击能力。

俄罗斯作为军事强国之一，其"天王星 -9"多功能无人战车，可以看作安装无人炮塔的轻型坦克，其无人炮塔（或称无人武器站）包括 30mm 2A72 型机关炮，一挺 7.62mm 同轴机枪以及两具 AT-9 型轻型反坦克导弹。该反坦克导弹采用无线电指令制导和激光驾束制导相结合的方式，命中率较高，它专门针对安装了复合装甲和爆炸反应装甲的坦克装甲车辆，最大射程为 8km。"乌兰 -9"配备 30mm 机炮、7.62mm 同轴机枪和两枚反坦克导弹，火力超过了不少现役有人步兵战车，同时该无人战车还使用了可升降式武器平台设计，使其可以躲在隐蔽物（树丛、砖墙等）后方发动攻击，超过了西方主流步兵战车水平。

俄罗斯在无人车方面重视无人战斗车辆的研制使用，也不断进行集成反坦克导弹武器系统的研究。俄罗斯卡拉什尼科夫集团研制了一款 UCGV 无人战车，该车配备了一门 12.7mm 机枪以及四枚反坦克导弹。同时，卡拉什尼科夫集团也在推销 7t 级的 BAS-01G "同志携手"型无人战车，在执行反坦克任务时，无人战车可发射八枚 9M113M "短号 -EM"（AT-14 "树精"）反坦克导弹。

英国的"强制者"遥控武器站（RCWS），包括武器安装架及由 BAE 系统公司电子设备部研制的观察、目标获取和武器瞄准单元、控制单元、显示单元和炮长控制设备。武器瞄准单元采用最新一代非冷却式热成像仪和昼用彩色摄像机组成，使"强制者"武器站具有全天候条件下的观察和武器瞄准能力。武器瞄准单元安装在武器站右侧，左侧为弹匣。热成像仪的工作范围在 8~12μm 波段并具有宽 / 窄视场，其电荷耦合器（CCD）具有图像电子放大能力。武器瞄准单元预留了升级空间，可安装 1 级护眼型激光测距仪。"强制者"武器站还可以配备战场管理系统、电击发烟幕弹发射器、防护组件和武器站稳定系统。装备稳定系统后，射手可在行进间进行武器的瞄准和射击。"强制者"武器站配有 7.62mm 机枪，还可选装 12.7mm 机枪或 40mm 自动榴弹发射器等其他武器。武器的俯仰和武器站的旋转均采用电驱动，武器站的旋转范围为 360°，俯仰范围为 -20°~+60°。

英国的"狐猴"（LEMUR）遥控武器站是一种具有装甲防护功能、带陀螺稳定功能、能配备多种光电传感器和武器的综合系统，称为"模块化联合光电瞄准与遥控武器平台"。"狐猴"遥控武器站为全稳定式武器站，将光电火控系统和遥控武器站完美结合，具备优良的对地、对空自动跟踪和打击能力，使系统能够应对来自海、陆、空任何方位的小型目标的威胁。系统采用模块化设计，可应用于轮式或履带式车辆以及舰船，并可作为其他武器的传感器和射击控制系统。

德国也研制了几款先进的遥控武器站。KMW 公司近年来推出的 FLW 系列遥控武器站，采用全稳定系统，能在行进间射击，可选装 5.56mm、7.62mm、12.7mm 机枪或 40mm 自动榴弹发射器，观瞄系统可实现在远距离上对目标的精确打击，而且该武器站在更换武器后能自动识别武器类型并适应其弹道特性。远程控制的轻武器站采用模块化设计，FLW 100 实现有效自我防御，有效射程达 1000m，FLW 200 的有效射程达 2000m。7.62/12.7mm 机枪到 40mm 榴弹发射器可以快速安全地结合在一起，具备自动检测各种武器并相应调整其弹道学轨迹的功能。该系列武器站既可作为轻型装甲车辆的主要武器，也可作为重型装甲车辆的辅助武器，特别适合安装在坦克上执行城区作战任务。

四、发展趋势与对策

（一）超远程发射平台技术

1. 火箭炮信息化与智能化技术

目前在研箱式火箭炮虽然采用了网络化技术，基本实现了各类信息的集成，但是火箭炮武器系统整体的自动化、信息化、智能化水平还有相当多的技术问题需要解决，包括：

（1）火箭炮武器系统故障在线监测与健康管理技术

火箭炮武器系统涉及机、电、磁、材料、光等多学科领域，其失效形式、故障机理复杂多样，参数可测性差，故障信息难以提取。现有火箭炮武器系统的故障检测仍以定期巡检维护为主，既无法确保潜在故障的全覆盖，也无法有效降低全寿命周期的使用成本。为解决上述问题，可通过建立基于功能、性能损失程度的故障描述模型，揭示故障发生、发展机制，充分开发利用适应于火箭炮的声、光、力、振动、速度以及位置传感器件，融合多传感器信息，创立基于先验知识的深度学习方法，实现故障退化特征信号提取，突破故障退化状态高效精准识别关键技术，建立火箭炮武器系统故障在线监测与健康管理体系，推动部队维护从"定期维护"向"视情维护"转变，推动全寿命周期的低成本火箭炮系统发展。

（2）网络化智能火箭炮技术

网络化的深度应用为陆军面向未来战场的主要技术发展方向之一，它可以利用强大的计算机信息网络，将分散配置的发射系统合成为一个统一的、高效的大体系，使地理上分散的部队和武器通过强大的网络形成统一的战斗力，使所有战斗"结点"实现信息共享，从而使指挥速度大幅度提高，作战效能成倍增加。同时利用网络化技术可以有效整合搜索、识别、目标跟踪，利用人工智能进行优化处理，根据目标特征选择最佳战斗"结点"实施攻击，实现多任务处理、统筹规划、多目标打击的能力。

2. 储运发射箱技术

储运发射箱技术起源于 20 世纪 80—90 年代，它首先被用于美国的 M270 火箭炮，实现了制导火箭弹和战术导弹的共平台发射。由此带来的优势引起各国研究人员的关注。我国采用箱式技术可追溯到某型舰载 122mm 和 300mm 火箭炮，箱装火箭弹整体吊装于发射平台，实现了火箭弹的快速装填，简化了火箭弹的运输、仓储和维护方式，但并未实现弹药的共平台发射。

随着新军事形势和战争形态的发展，对弹药的使用提出了更高的要求。例如，为了实现对不同目标的一次性打击，需要同一发射平台装填不同种类、甚至不同射程的弹药，满足密集打击和拔点打击，毁伤打击和侦查、预警等综合作战。这不光对发射平台有严格的要求，也对发射箱的功能设计也提出了挑战。

122mm箱装火箭弹实现了20发122mm火箭弹的一次性装填和发射，由于是管式定向器，其箱式化的思路是固定框架整体集束、配合整箱的电气集成。而对大口径火箭弹而言，例如弹径超过400mm，火箭弹的稳定系统往往采用固定直尾翼，尾翼的翼展尺寸大于定心部直径，筒式定向器结构不再适用，需要结合实际采用滑轨或者导杆形式定向器。这对于野战火箭炮是一个新问题，存在技术上的挑战。

箱式技术不是将火箭弹简单整合在一起，不仅涉及结构，还需要考虑稳定性、安全性、抗干扰性以及密封性等，是一个技术集成度很高的问题。大口径火箭弹的质量、尺寸都较以往的火箭弹有量级上的变化，火箭弹离轨时的姿态受弹重和初速的影响较大，对发射箱的整体设计有严苛的要求，其设计内容与重点有：同时离轨发射方式下的定向器结构设计、发射箱箱体结构设计、闭锁结构与发射稳定性设计、电气设计、数据分配与转发设计、前后盖开启方式与结构设计、密封与防潮设计、抗干扰设计等。

370mm口径火箭弹储运发箱采用四根筒式定向器组合而成，每根定向器单独前后盖，通过插拔机构与发射箱传递与装订数据；四根定向器的数据集中在一起，由布置在箱体框架上的插座与发射平台相连。适用于更大口径火箭弹发射的储运发射箱，由于弹重和初速的关系，只能采用同时滑离发射技术，筒式定向器则变身为滑轨式。

闭锁机构作为储运发射箱的关键技术之一，在行军和发射过程承担着不同的任务，随着火箭弹质量的增大，按照常规闭锁机构的设计原则，闭锁力将达到数十千牛甚至几百千牛。这样大的闭锁力如果存在于发射过程，势必对发射平台带来巨大扰动甚至是破坏，因此，最近几年研制的火箭炮均设计了更为智能的闭锁机构。例如，利用燃气压强驱动机构动作的燃气解脱式闭锁，利用燃气温度烧熔镁带实现解脱的闭锁机构和利用射角的重力摆闭锁机构等。这些新原理确保了火箭弹发射过程发射平台的安全性。

3. 满足火力打击密度的自主式快速再装填技术

为了确保高强度的火力打击密度，迫切需要快速再装填技术作为支撑，而未来火箭炮武器系统的少人化/无人化作战，需要自主式再装填技术的不断成熟和提高。发展自主式快速再装填技术必须突破：装填目标的准确识别、相对坐标关系的精准定位、多自由度装填机构创新性设计、约束条件下的自主轨迹规划、高度自动化装填控制系统、末端定位与锁紧技术等多方面技术的全面突破。

（二）轻型高机动平台技术

全电化是火箭武器发射平台的主要发展趋势之一，包括平台行驶的电力推动和重载发射装置的电驱动调炮。实现平台行驶的电力推动的主要技术手段是基于蓄电池的能源供给系统或混合动力系统的开发研制、大扭矩轮毂电机的创新应用与开发。远程打击的大口径化必然导致俯仰机构超大偏心负载，由于大行程、重载电动伺服缸无法在短期内取得突破，因而实现电驱动调炮的关键在于研发快速、高精度重载电（液）驱动与伺服控制技术，它创新性地将液压动力传输封闭于系统内，取消了液压油源、管路、接头和控制阀门等传统液压部件，是一种高度集成创新性技术方案，具有传动效率高、伺服控制方式灵活、控制精度高、响应速度快等特点，实现了用户端的电气化能量接口，与传统电传动接口无二，大大提高了传动的可靠性，是一种非常有前途的重载调炮驱动方案，国外已经实现了 80kW 功率级的产品研发。

火箭炮作为机电一体化产品，我们应该关注其他技术的发展和进步对其产生的影响。例如近几年飞速发展的人工智能技术是否能引入到火箭炮，是一个值得关注的问题。国外，已经有利用人工智能技术实现无人机、无人艇和单兵武器的组网作战的例子，因此，是否可以利用这些技术，探索其在火箭炮上的应用，在未来一段时间可以成为一个研究方向。

（三）电磁动力弹射技术

下一步，电磁火箭炮需要解决的问题主要有：

①突破以下关键技术：发射过程动力载荷的设计与分配技术，大刚度起落架设计技术，大推力、强过载高低机设计与分析，发射系统振动规律设计与控制技术，电磁推进装置的电磁屏蔽与防护技术，发射过程力学性能的理论分析与实验技术；

②电磁推进技术功能与性能在野战环境下的设计与实现，使电磁推进装置在日常维护、行军和作战等过程满足野外环境使用要求；

③电磁火箭炮的工程化设计，使电磁推进技术与野战火箭炮理念相结合，实现电磁火箭炮技术的演示验证。

（四）单兵火箭发射技术

尽管目前我国单兵火箭／导弹发射技术已取得长足进步，但是相比国外的同类弹种仍有不少差距，未来主要的发展方向有：①深入推进装备标准化、模块化、通用化、系列化发展，实现"一弹多平台"或者"一平台多弹"模式；②开展智能化、复合化、体系化研究，系统由适控、程控向智能自主发展，由单一功能向多功能复合发展，作战使用由独立运用向体系协同发展。

（五）遥控武器站技术

目前我国遥控武器站技术在部分型号项目上已达到国际水平，但从整体发展水平上看，相比国外仍有不少差距，尤其是在智能化方面仍可开展以下几个方面的工作：

①智能武器站总体技术

重点开展基于现代战争多任务、多目标打击能力需求的智能武器站顶层设计研究，以智能武器站火力打击面临的实际威胁和重点打击目标为对象，分析归纳不同类型武器在结构、电气、信息处理与控制方面的应用特点，提出各类武器装备在智能武器站的集成优化设计总体方案，实现集成化结构设计、信息融合控制和智能控制，同时实现光电、信息处理、火力打击等功能的协同优化，提高系统响应快速性和火力打击效能。

②目标智能感知与跟踪技术

重点开展基于人工智能的目标智能感知与跟踪的新型系统研究，利用人工智能的深度学习技术在特征提取与目标感知识别中的优势，完善和改进运动目标的识别算法，采用多特征信息融合目标识别架构与方法，提高目标识别概率。研究弱小目标信息的捕获方法，降低虚警率。开展基于多传感器融合的自动目标识别算法研究，克服单一传感器系统的缺陷，采用基于局部鲁棒性特征的目标识别算法，识别出目标的局部要害位置作为跟踪点，获得精确打击部位识别。

③智能发射控制技术

重点开展智能发射控制专家系统、健康检测技术、基于模型和数据驱动的自动分析技术、数据分析技术以及智能控制等研究。研究适合于发射与控制系统的分布式决策方法，建立集中式全局目标算法，耦合约束条件处理方法和分布式决策方法，掌握发射测试控制系统中复杂对象的特征分析、建模与控制方法，实现发射自动化、智能化测试控制与决策。

④动态精确打击技术

重点开展高精度稳定与跟踪技术和行进间发射技术研究。高精度稳定与跟踪技术研究包括高精度感知技术、预测滤波与补偿技术等。行进间发射技术研究包括发射平台环境特性、行进间发射理论、原理及影响因素等，建立行进间发射模拟及测试系统，获得行进间发射的时机、策略、发射系统设计要点，开展行进间发射控制模式的优化设计研究，建立行进间发射智能控制方法。

（六）轻质合金应用技术

轻质材料目前主要研究轻合金（包括铝合金、镁合金、钛合金等）和复合材料。铝合金已成功地用于步兵战车和装甲运输车上。钛合金是以钛为基础加入其他元素组成的合金，常见形式是和铝、钒混合，这种材料具有可锻性好、蠕变小的特点。钛合金具有以下特点：

①强度高密度低，钛合金的密度仅为钢的60%，其比强度远大于其他金属结构材料，可制出单位强度高、刚性好、质轻的零部件。

②热强度高，钛合金的工作温度可达500℃，铝合金则在200℃以下。

③低温性能好，钛合金在低温和超低温下，仍能保持其力学性能，如TA7，在 –253℃下还能保持一定的塑性。

钛合金吸引力十足，但由于价格原因，它们刚开始大多用在飞机结构、航空器，以及石油和化学工业等高科技工业。随着冶金技术的不断发展，昂贵金属价格的下降也使得钛合金逐渐应用于兵器行业，"十二五"期间已诞生使用钛合金制造的火炮。镁合金是以镁为基加入其他元素组成的合金，主要合金元素有铝、锌、锰、铈、钍以及少量锆或镉等。目前使用最广的是镁铝合金，其次是镁锰合金和镁锌锆合金。镁合金密度低（低于铝合金）、导热性能比钢强、机械阻尼好、导电性能略低于铜和铝、工艺性能良好，其缺点有耐蚀性能差（盐水和酸对镁有腐蚀性）、易于氧化燃烧以及耐热性差等。

在未来发射技术研究中，应紧密结合材料科学的发展步伐，积极引进相关技术，为实现制导兵器发射技术的轻量化增添手段。

（七）综合防护技术

随着制导兵器发射系统重要程度的日益提升，其担负的使命和任务越来越重、越来越多，正逐渐成为决定战争的主要力量和胜负手，对其保护的重要性也正凸显。防护技术目前主要有以俄罗斯的"鸫"和"竞技场"为代表的硬杀伤系统，主要用于坦克的防护；以俄罗斯"窗帘"为代表的软防护系统。它是由探测器、控制器、干扰机和烟幕发射器组成的光电对抗系统，用于干扰导弹的地面测角仪、弹上导引头等，并以释放烟幕的形式干扰目标观察和瞄准通道；以及以色列"钢琴"（AR2PAM）为代表的综合杀伤系统，它的反击装置有全方位转动式多弹药发射系统。如何为制导兵器发射技术增设一道防护网，是保证其发挥功效的有力保障。

（八）新概念发射技术

1. 燃气助推弹射技术

发射过程，尤其是火箭弹管内运动期间，燃气射流被定向器约束，只能沿定向器流出，这些燃气具有一定的能量。同时经定向器流出的燃气对地面的冲击还会对火箭炮带来一定的危害并对发射系统的设计带来一定的影响（例如定向器大射角时的最小离地高）。未来可考虑将管尾流出的燃气射流压缩储能，并通过机构动作实现下一发火箭弹的助力弹射。实现这一技术，可将目前燃气射流的消极影响变换为主动力而用来做功，这将是又一种新型的助力弹射技术。

2. 结构式主动导流与减阻技术研究

火箭发动机燃气对于发射系统而言，一直以来都是百害无一利的，设计上一般是设计导流形式的结构以减小其对发射系统的冲击。自动武器的导气式自动机、火炮的炮口止退器等，都是将燃气废物利用，并转而将其应用于发射系统。燃气射流对于火箭炮的作用，发生在管内运动时期和管口冲击阶段，可针对这两个阶段燃气射流的流动特点，通过结构设计改变燃气流动的规律，实现主动导流，达到有效减阻的目的。

参考文献

［1］陈四春，李军. 火箭武器系统的起始扰动与合理刚度［J］. 南京：南京理工大学学报，2017，41（05）：550-555.

［2］于思淼. 某火箭炮闭锁机构力学特性实验与仿真分析［D］. 南京：南京理工大学，2016.

［3］鲁霄光. 燃气解脱式闭锁机构动力学分析与优化［D］. 南京：南京理工大学，2015.

［4］马伟明，鲁军勇. 电磁发射技术［J］. 国防科技大学学报，2016，38（6）：4-8.

［5］Schroeder J M, Gully J H, Driga M D. Electromagnetic launchers for space applications［J］. IEEE Transactions on Magnetics, 1989, 25（1）: 504-507.

［6］Kaye R, Turman B, Aubuchon M, et al. Induction coilgun for EM mortar［C］//Proceedings of IEEE International Pulsed Power Conference. 2007: 1810-1813.

［7］Fair H D, Coose P, Meinel C P, et al. Electromagnetic earthto-space launch［J］. IEEE Transactions on Magnetics, 1989, 25（1）: 9-16.

［8］Meinke R B, Kirk D R, Guiterrez H. Electromagnetic launching for affordable agile access to space［R］. Electromagnetic launching for affordable agile access to space, 2006.

［9］Mongeau P, Milliams F. Helical rail glider launcher［J］. IEEE Transactions on Magnetics, 1982, 18（1）: 190-193.

［10］Driga M D, Weldon W. Induction launcher design considerations［J］. IEEE Transactions on Magnetics, 1989, 25（11）: 153-158.

［11］Lipinski R J, Beard S, Boyes J, et al. Space applications for contactless coilguns［J］. IEEE Transactions on Magnetics, 1993, 29（1）: 691-695.

［12］轻质合金三重奏——铝合金、钛合金、镁合金［J］. 天津冶金，2016（1）: 4-11.

制导兵器推进技术发展研究

一、引言

推进系统作为制导兵器的核心部件之一，对其重量、体积及成本等有着重要影响，除需要将燃料化学能转化为动能外，还需与制导兵器总体密切配合，耦合考虑各方面因素的影响，日益受到重视。

随着现代制导兵器的迅猛发展，各类推进系统及技术取得了重大突破，各项研究技术及实战水平达到了新的发展高度。

常规固体火箭发动机结构简单、存贮安全、使用方便、可靠性高，在空间飞行器发射，战略、战术导弹，火箭以及炮弹增程中得到广泛应用。针对下一代战术火箭远程精确打击、高生存能力的需要，高能、钝感、低特征信号和低成本成为其主要发展方向。

在多脉冲固体火箭发动机方面，美日等国均要求提高固体火箭发动机可控性，多脉冲发动机将固体火箭发动机燃烧室分隔成多个部分，可多次启停，可合理分配各脉冲推力及点火时间，实现飞行弹道最优控制与发动机能量最优管理，极大地扩展了固体火箭发动机在地域、空域和速域的应用范围，全面提高固体火箭发动机机动性能。采用双脉冲发动机的导弹可提高30%~50%有效射程，具有较高末端速度，能以最短的飞行时间到达落点，有利于导弹的隐身。

固体火箭冲压发动机在飞行速度 $Ma \geq 2$ 时具有高比冲，不含旋转部件，结构简单，易于维护，经济性强，是在大气层内高速飞行战术武器动力系统最佳选择。

火箭基组合循环发动机将高推重比低比冲的火箭发动机与低推重比高比冲的吸气式发动机有机结合，充分发挥各自的优势与特点，在不同马赫数和高度均能以最优的方式进行工作，实现经济性和高效性的最佳组合，可地面起飞，通过自身加速直到入轨，日益受到世界各国推进系统专家的重视。

巡飞弹药是传统兵器与航空技术交叉产生的精确打击武器，具有突防能力强，体积较小的特点，可利用发射初期的弹道或母弹的高速飞行，快速进入目标区，被拦截和摧毁的概率大大降低。此外，巡飞弹药滞空时间长，微型涡喷发动机（简称微型涡喷）为其主要动力系统，可满足其结构尺寸、续航能力以及投放方式要求，此备受国内外关注。

爆震发动机可作为未来高比冲、大推力、高推重比动力装置，具有较大的应用潜力。基于爆震燃烧的动力形式主要有脉冲爆震发动机以及旋转爆震发动机两种。

二、国内的研究发展现状

（一）常规固体火箭发动机

目前固体火箭发动机技术已成功运用到 122mm 火箭弹、220mm 末制导远程火箭、252mm 火箭破障弹、300mm 和 370mm 远程制导火箭弹等型号武器上，在发动机总体、装药、数值仿真及试验技术均达到国际先进水平。

1. 固体火箭发动机先进设计技术

为了实现制导兵器高精度、远射程、大威力的目标，开展了电磁弹射弹用低压低燃固体火箭发动机研究。通过合理设计发动机装药结构、包覆层及热防护层结构，提高发动机装药的装填密度，以提高发动机的比推力。通过开展减重设计技术研究，提高其质量比。基于上述研究成果成功研制出低压低燃大推力火箭发动机原理样机，在全弹重量、战斗部质量、弹径、弹长等条件不变下，实现飞行试验的射程翻倍。

通过添加降速剂、调节氧化剂或高能填料粒度级配、选择硝酸酯种类和调节配比等方式进行复合固体推进剂配方的研究，降低固体推进剂的燃速，突破大长径比装药以及发动机热防护技术，通过设计的装药包覆及隔热结构，以及喷管复合材料结构，达到长时间工作的预期效果。

2. 固体火箭发动机工作过程数值仿真模拟

针对复合结构喷管烧蚀后复杂型面的耦合传热问题，提出了基于坐标变化思想的非正交网格下流 / 固界面温度的计算方法，在空间上具有较高的精度。从不同侧重点讨论烧蚀引起的型面变化对喷管内流场、推力损失以及壁面传热等造成的影响，为复合喷管的热防护设计及烧蚀特性分析奠定基础。

基于结构化、模块化思想开发了多物理场耦合软件平台，为固体火箭发动机工作过程的数值研究奠定了基础。该软件主要包括网格划分、流体求解、动态结构嵌套网格、流热耦合求解、流固耦合求解及后处理等模块，具有以下几个特点：单物理场和多场耦合问题一体化分析能力；边界条件处理的灵活性，增加了周期性边界条件；基于动态结构嵌套网格处理大变形及大位移运动边界问题；易于开发及优化，能够及时对软件进行技术升级和功能扩展。发展的计算方法和软件平台具有较高的可靠性和计算精度，对大变形及大位移下复杂流固耦合问题的计算具有较宽的适应性。

3. 固体火箭发动机安全性评估技术

基于 Prony 级数数据拟合法以及改进的 Sorvari 法提高了推进剂松弛模量的获取精度，基于时温等效原理提高了推进剂变温松弛模量的初始精度，提出的累积损伤修正模型对改性双基推进剂的屈服和破坏特性的预测更加准确，将验证时温等效模型运用在非线性力学阶段适用性的研究，可预测任意温度、任意载荷速度下的极限强度，基于流变学模型和率无关的黏聚区模型提出的率相关黏聚区本构模型可较好地预测推进剂断裂过程中的率相关特性，使用最优化理论并基于实验的反演识别方法成功获得黏聚区本构方程的曲线形参，建立的典型固体推进剂的本构模型，对固体火箭发动机装药结构完整性、优化装药的结构设计，提高装药的安全裕度，有着极为重要的意义。

固体火箭发动机内部缺陷 X 射线检测、内表面缺陷内窥镜检测、药柱／包覆层界面的电子散板和 X 射线检测、壳体／绝热层界面的超声波检测等技术相互结合，建立了固体火箭发动机装药无损检测技术规范。提出的发射回收—体化空气炮、冷气冲击、温度冲击的无损试验方法模拟固体火箭发动机在发射、点火、温度等载过程中装药的受力特性，利用应变片、弓形传感器、位移传感器等技术测量 HTPB、NEPE 材质较软推进剂的应变特性，所建立的模拟考核方法能够较准确的测量装药在过载、压力冲击、温度冲击等载荷下的力学相遇，并有效地降低试验成本，为固体火箭发动机安全性评估提供了重要的试验验证基础。

（二）多脉冲固体火箭发动机技术

1. 硬质隔舱脉冲隔离装置结构设计

由膜片、金属支撑件、卡环、紧固圈等组成的脉冲隔离装置，膜片位于设置有若干通气孔的支撑件凸面一侧，另一侧连接 I 脉冲点火具，保证 II 脉冲正常工作。陶瓷舱盖式脉冲隔离装置的舱盖为圆拱形，凸面一侧可以承受 I 脉冲工作时燃烧室内的压强载荷，另一侧能够在合适的低压范围内破碎，设计脉冲隔离装置合理、可靠。隔塞式隔离装置以金属舱盖作为基体，纤维增强塑料材质的隔塞镶嵌在舱盖的孔中，II 脉冲工作时，压力升高至一定值后，隔塞打开并从喷管中排出。

两级脉冲点火时间间隔分别设定为 1s 和 30s，由支撑板、可融化铝膜、绝热层等组成的脉冲隔离装置能满足 I 脉冲工作时高压密封的需求，并在 II 脉冲增压阶段膜片破裂，形成的碎片迅速被燃气融化不形成喷射物。

对于采用含缺陷槽的铝膜隔板隔离装置，II 脉冲破裂压强随隔板厚度增加而升高，隔板缺陷槽深度决定了破裂压强大小。

2. 软制隔层脉冲隔离装置结构设计

隔层式双脉冲发动机的隔离装置采用轴向与径向混合的软质隔层，可实现 I、II 脉冲的任意比率分割。通过软质隔层厚度、隔层预制缺陷槽深度、点火药量等一系列因素的地面静止实验，获得两级脉冲工作时燃烧室内的压力、推力随时间变化曲线，并成功进行了飞行实验。

对采用三元乙丙橡胶作为隔层设计的轴向与径向混合的隔层式双脉冲发动机，在隔层组件上设置缺陷结构，缺陷处的隔层采用搭接方式黏接，保证Ⅱ脉冲点火后隔层能够按照设定方式打开。

3. 双脉冲固体火箭发动机工作过程数值模拟

采用通用计算流体力学软件 CFX 对双脉冲发动机Ⅱ脉冲稳定工作时的三维内流场进行了数值模拟，研究结果表明Ⅱ脉冲推进剂加质燃气经支撑板上的导气孔进入Ⅰ脉冲燃烧室后形成较大的回流区。

直径为 203mm 和 120mm 的隔舱式双脉冲发动机Ⅱ脉冲稳定工作时的内流场使用 Fluent 进行数值分析，研究燃烧室内气相和固相流动特性并采用经验公式计算了Ⅰ脉冲燃烧室壁面上的对流换热系数。研究结果表明壁面上烧蚀加重区域与Ⅰ脉冲燃烧室内回流区的位置基本重合，燃气回流区内的对流换热系数相对较高，特别是在附着点附近，对流换热系数的升高是造成该区域烧蚀加重的主要原因。

采用 ANSYS 软件对双脉冲发动机陶瓷舱盖结构进行仿真研究，分析隔舱接触面上的压力和摩擦力对舱盖危险点应力的影响。利用扩展有限元 XFEM 技术模拟隔层的破裂过程，Ⅱ脉冲压强升至 1.3MPa 时破裂，所得结果与实验结果相符。

采用 MpCCI 耦合器作为 FLUENT 与 ANSYS 的数据交换平台，数值模拟轴向隔层式双脉冲发动机Ⅱ脉冲点火过程，分析点火燃气在发动机内传播过程以及隔层变形胀大过程，研究点火药量、隔层物性参数、推进剂燃速和燃烧室自由容积对发动机点火延迟特性的影响。通过显式动力学方法，对软隔离装置反向打开过程进行了模拟，模拟结果与试验结果吻合得较好，验证了计算方法的合理性。以某双脉冲发动机Ⅱ脉冲工作时出现的压力振荡现象为研究对象，建立燃烧室内的声腔和流动模型，采用有限元和大涡模拟算法及声涡耦合机理对压力振荡出现的原因进行了研究，并对采用扰流环抑制压力振荡的原理进行了分析。

（三）固体冲压发动机技术

1. 固体冲压发动机总体设计技术

随着燃气流量调节技术、转级技术等"瓶颈"的全面突破，整体式可变流量固体火箭冲压发动机方案日趋成熟，总体优化设计技术快速发展。国外已形成一体化设计平台，能够满足发动机方案估算、详细设计、性能评估等各种需求。国内对固冲发动机总体优化设计方法的研究已起步，建立发动机质量模型、性能模型及弹道模型，采用遗传算法开展总体优化设计。

2. 可燃燃气流量调节技术

固体火箭冲压发动机燃气流量调节技术对于拓宽工作包络、提高发动机加速能力、实现多种攻击弹道等有重要作用，也是可变流量固冲发动机的典型特征。尽管改变燃气流量的方法有变喉面调节、变燃面调节、变燃速调节等多种方案，但最具潜力、最有实用价值的还是变喉面调节方案。

德国"流星"导弹固冲发动机采用滑盘阀方案，通过对燃气发生器压强的闭环控制，实现燃气流量的精确控制，流量调节比达 12 : 1。日本的固冲发动机采用了旋转阀（rotary control valve）方案。十多年来，国内对燃气流量调节技术进行了大量深入研究，关键技术取得全面突破。以气动锥形阀、滑盘阀为对象，分析了燃气发生器负调特性的影响因素及系统的频率特性，表明燃气流量可控的燃气发生器具有变参数特性，具有很强的非线性特性。

3. 转级技术

转级机构主要包括进气道入口堵盖和出口堵盖。转级时，两堵盖依次打开，使高速气流顺利进入补燃室，启动续航段的工作。当采用可抛喷管助推器时，可抛喷管的解锁时序也属于转级技术之一。目前，我国已开展出口堵盖材料的选择、结构设计以及入口堵盖机构设计等研究工作。

4. 无喷管助推器技术

无喷管助推器结构简单，但工作过程较常规固体发动机复杂，需要考虑非定常流动、侵蚀燃烧以及推进剂燃速与装药结构之间的匹配性。多位学者用数值仿真对双燃速串装药柱无喷管助推器的性能进行数值分析，研究表明在后段采用低燃速推进剂后可提高平均压强以及助推器的比冲。在大量试验数据分析的基础上，已经发展了通用无量纲侵蚀燃烧模型，内弹道性能预示精度显著提高，在此基础上建立了一维非定常内弹道性能预示模型，成为设计优化的有力工具。

5. 高能含硼贫氧推进剂燃烧组织技术

硼的高热值、高密度、无毒等优越性能使其成为高能富燃推进剂的优选燃料。燃烧是固冲发动机从化学能向机械能转化的关键一步，补燃室燃烧组织技术一直是固冲发动机技术的研究热点，以期获得较高的补燃效率。

6. 固体火箭冲压发动机实验技术

固体火箭冲压发动机实验主要分为直连试验、助推 / 转级 / 续航三工况试验、出入口堵盖打开试验、自由射流试验以及飞行试验等。其中，直连试验是固冲发动机研制过程中最基本的试验项目，能够模拟一定工况下的发动机性能，也可考核热结构，功能优良的试验系统可考核发动机转级性能。国内外直连试验系统普遍采用污染加热空气方案，即采用煤油或酒精的燃烧放热来加热空气，使空气温度达到所需的模拟总温。这种试验能够真实模拟发动机内流，测试参数主要有压强、温度及台架推力。

（四）火箭基组合循环发动机

1. 机体一体化及可变结构设计

为了适应大范围的稳定工作，开展变结构进气道设计和自由射流风洞试验，获得地面集成样机。

一体化集成设计半轴形式的 RBCC 发动机与轴对称飞行器的有效工作范围从起飞到进入轨道，发动机收敛段采用固定尺寸流道，内置火箭与冲压流道设计为一体化结构，进气道的锥形中心体可以前后移动，从而可以在各个飞行马赫数下都得到较好的进气道性能，其切口型的喷管集成方式可以利用机体的底部面积来获得更大的面积比和高度补偿。

2. 高效引射模态

引射模态是影响整个火箭组合循环发动机综合性能的关键，对如何实现高效燃烧和高引射效率开展了大量研究。引射模态研究主要有传统的引射模态 DAB、SMC 模式、SPI 模式和 IRS 模式。早期引射模态研究主要在 DAB 和 SMC 上开展研究，结果表明 DAB 模式燃烧和推力性能优于 SMC，但需要更长的燃烧室；SMC 模式掺混效果更好，但有可能会影响引射效率并且推力相对较小。后提出了 SPI 燃烧模式，这种燃烧模式既能实现燃料与空气的高效掺混，又使得燃烧放热区域位于燃烧室偏下游位置，在不影响空气引射量的前提下实现高效燃烧。IRS 模式在进气道隔离段中向空气喷入燃料，增强掺混程度。

3. 大范围、大尺寸双模态冲压火焰稳定

火箭基组合循环（RBCC）推进系统工作空域大、飞行马赫数范围宽的特点给发动机高效稳定燃烧带来了较大的挑战。此外 RBCC 的一个主要应用方向是可重复使用空天飞行器，需要开展较大尺寸的发动机燃烧组织研究。对碳氢燃料双模态冲压发动机而言，需要较高的来流总温点火并保持火焰稳定度，所以目前双模态超燃冲压发动机基本是从 4 马赫数开始工作。RBCC 的亚燃模态为了和引射模态衔接需要在更低的马赫数开始工作，在超燃发动机燃烧室入口处放置一个或多个亚燃预燃室，将少量的来流空气吸入预燃室内与加热后的碳氢燃料燃烧，从预燃室喷出的高温富燃火焰能够起到很好的点火和火焰稳定作用。另外可采用在发动机主支板上设计凹槽和多级燃料喷射孔，实现燃料的高效掺混，利用驱动涡轮泵的富燃燃气作为稳定火焰，实现大范围的高效稳定工作。利用富燃火焰进行火焰稳定和燃烧组织是实现双模态冲压发动机大范围可靠工作的最有效方式之一。

4. 多模态过渡与流道匹配

火箭基组合循环发动机具有多个工作模态，如何实现多模态的平稳高效过渡和流道匹配是实现火箭基组合循环发动机高效工作的关键技术之一。通过合理改变燃料喷注位置，从 SPI 燃烧组织模式改变为亚燃组织模式，同时配合可调节进气道和尾喷管的变化可有效实现马赫 2.5 条件下引射模态向亚燃模态的平稳过渡。另一种通过使用流向涡技术增强燃烧控制，使一次火箭具有宽混合比和流量比的工作特性，在模态过渡过程中能够逐渐减少一次火箭流量，采用该方法能够在连续调节试验台上实现来流马赫 3~4 动态条件下的模态过渡。

（五）微型涡喷发动机技术

1. 高效燃烧技术

作为长航时持续工作的巡飞动力装置，微型涡喷在其工作过程中消耗大量的液体燃料，提高燃料的燃烧效率对于提高有效载荷、增加射程以及减少因液体燃料消耗所引起的质心转移等问题有着非常重要的意义。为此，国内外对微型涡喷高效能源利用技术均进行了大量的科学研究。重点研究的技术包括燃烧过程组织以及耐高温合金技术的利用等。

液体燃料的良好燃烧是能源高效利用关键技术之一，提高燃烧效率的形式包括燃料预蒸发、强化掺混以及燃烧流场组织等措施。采用预蒸发技术的微型涡喷发动机可以将液态燃料注入预蒸发管后形态气态燃料，提高燃料燃烧效率并降低污染物排放。气化之后的燃料以恰当的方向喷向高温燃烧场，可增加燃料在火焰筒内停留的实验，强化燃料与新鲜空气之间的混合并进一步降低单位推力的燃油消耗量。此外，火焰筒壁面上开设的主燃孔、补燃孔可强化空气与燃料之间的掺混并提高燃烧效率，掺混孔可降低排气温度并保证发动机稳定地高效工作，适当的火焰筒冷却孔可保证燃料以较高的温度燃烧。

在大中型涡喷发动机中使用的直流、折流及回流环形燃烧室在微型涡喷发动机中均有所使用，各种形式的掺混及冷却结构在微小型涡喷发动机的研制中日益受到重视。

2. 微型涡喷优化设计技术

在结构设计方面，通过某微型涡喷发动机的整机振动进行数值分析，分析发动机整机振动，动刚度有限元模型计算的临界转速高于静刚度模型计算的临界转速，整机有限元模型计算的临界转速又高于动刚度有限元模型计算的临界转速。由于动刚度模型考虑机匣模态对整机振动的影响，其计算结果比静刚度模型的计算结果更接近整机有限元模型的计算结果。在微型涡喷发动机进行了总体结构设计中，对在转子系统、燃烧室、润滑冷却系统进行设计时所遇到的结构问题提出了解决方法，设计时采用了实验与有限元相结合的方法。

考虑陀螺效应，采用谐响应分析的方法研究微型涡喷发动机轴承动反力随转速及不平衡量分布方位角的变化规律，研究结果表明转速越大，轴承处动反力越大，不平衡量的大小对轴承动反力影响远大于转速；涡轮和压气机的不平衡量分布方位角为180°时压气机一端轴承动反力最大，而涡轮一端轴承动反力最小。

在气体流动及燃烧流场优化方面，通过对比叶轮内部流场及性能曲线，分析两种叶型对离心压气机喘振裕度的影响，弯掠前缘叶型能有效地提高压气机喘振裕度并且改善叶轮出口流场。通过系统研究微型涡喷一二次气流之间的掺混、燃烧及火焰筒冷却对燃烧室工作过程的影响，得到高效燃烧以及满足长时间工作需求的燃烧室设计方案，提高发动机优化设计的效率。

3. 快速启动技术

微型涡喷发动机通常要求在比较宽泛的马赫数范围、高度范围和环境温度范围内完成快速启动，火药启动方式是一种非常理想的实现形式。在火药启动器内的装药燃烧产生燃气，燃气通过引流管喷出，燃气直接冲击压气机或者涡轮转子的叶片，进而驱动涡轮转子旋转，达到快速启动微型涡轮发动机的效果。随着斜切喷管轴线与引管轴线夹角的增大，喷管推力 F 在增大，经由斜切喷管喷出的燃气的热能转化为动能的程度在降低；在斜切喷管几何尺寸确定的情况下，入口总温影响较小。斜切喷管未切管壁反射出斜激波，造成自由射流区存在两个超音速膨胀波区；在端齿上方的脱体激波直接分别影响到两个超音速膨胀波区。

（六）爆震发动机技术

1. 高频脉冲爆震发动机技术

提高高频脉冲爆震发动机（PDE）的工作频率以获得连续推力一直是 PDE 研究工作的重点。其中，提高 PDE 工作频率的关键在于燃料与氧化剂的间歇供给。采用高频电磁阀，在煤油 / 氧气火箭式 PDE 上实现了最高 40Hz 的工作频率。采用气动阀将吸气式汽油 / 空气 PDE 的工作频率高达 66Hz。采用多管可以进一步提高 PDE 的工作频率，6 管 PDE 的整体最高工作频率可达 210Hz，为 PDE 的工程应用奠定了基础。

2. 旋转爆震波起爆和稳定传播技术

采用 30mJ 小能量火花塞成功起爆氢气 / 空气混合物，首次论证旋转爆震波可通过 DDT 过程起始，发现点火能量越高则旋转爆震波的建立时间越短，且起爆一致性越好。实现了 RDE 长时间稳定工作，获得 RDE 的稳定工作边界及其主要影响因素，将 RDE 稳定工作的当量比下限拓宽至 0.4，并首次实现了发动机单 / 双波模态的可控转变，为发展高效的 RDE 起爆技术，推动 RDE 走向工程应用奠定了基础。

3. 冲压旋转爆震发动机技术

针对气态氢燃料，首次开展冲压旋转爆震发动机的直连式和自由射流实验，首次实验验证了冲压旋转爆震发动机的可行性。近期，采用三维数值模拟对工程尺度的煤油 / 空气冲压旋转爆震发动机进行了全流场模拟，机一部论证了冲压旋转爆震发动机的可行性和性能优势。在此基础上，开展了工程尺度的冲压旋转爆震波发动机的直连式和自由射流实验，实现了 RDE 的稳定工作，获得了冲压旋转爆震发动机的性能参数，为冲压旋转爆震发动机的工程化研究提供了技术支撑。

4. 旋转爆震燃烧室与涡轮、压气机的匹配技术

除了冲压旋转爆震发动机，基于旋转爆震燃烧的涡轮发动机也受到了同样的关注。我国开展了旋转爆震燃烧室与压气机和涡轮导向器的组合实验，在压气机与燃烧室的组合实验中，工作时长可达 10s；在加装导向器和涡轮后，旋转爆震燃烧室仍可稳定工作，但压力振荡经过涡轮导向器之后降低了 64%，这些研究成果为发展旋转爆震涡轮发动机奠定了基础。

三、国内外发展对比分析

（一）常规固体火箭发动机技术

远程精确打击是陆军实施纵深火力打击的基本要求，世界主要军事强国通过大力发展陆军战术导弹技术，纷纷建立了以导弹为骨干的全纵深精确打击火力体系。美国在战术导弹固体火箭发动机方面典型的先进技术有：发动机总体技术、小型化高性能推力矢量喷管技术、耐烧蚀材料技术、高能高力学性能推进剂技术、低易损性技术等，这些技术使得美国战术导弹固体火箭发动机总体性能处于相当高的水平。俄罗斯固体火箭发动机和总体集成技术突出，固体火箭发动机用在 122mm、300mm 野战火箭弹上，使其作战性能达到世界领先水平。

在火箭武器设计方面，我国目前设计理念还稍显薄弱，无法满足复杂药型、复杂推力方案的设计要求，使得国内远程火箭武器口径、长度偏大，无法实现一炮多弹，威力明显偏低，精度偏差，同时也是造成我国近十几年来战术固体火箭武器事故频发、安全性问题突出的主要原因。在战术火箭安全性研究方面，国外形成了固体火箭发动机设计、实验、考核、评价的一套较完整、可靠、简便可行的方法体系，而目前国内的固体火箭发动机设计中涉及到的力学特性及计算仿真方法还不够系统全面。

（二）多脉冲固体火箭发动机技术

国外已有多种型号运用双脉冲固体火箭发动机技术，并完成了型号研制和武器装备。美国弹道导弹防御系统（NMD）中末端低层（爱国者 PAC-3）和中层防御系统（标准 SM-3）均选用了双脉冲发动机作为固体能量管理系统的一部分。爱国者 PAC-3 导弹通过使用大型双脉冲发动机、改进的弹翼和结构，极大地增强了机动性，并使导弹射程提高 1 倍，双脉冲发动机的能量管理技术成为增强拦截弹能力的一个关键因素。标准 -3 导弹是美国海基中段导弹防御系统的重要组成部分，该导弹具有摧毁太空弹道导弹的尖端能力，其第三级发动机采用的是 ATK 公司 MK136 双脉冲固体火箭发动机。发动机直径 340mm，长 965mm，推进剂采用 Al/AP/HTPB、双脉冲药柱设计，2 个脉冲各工作 10s。其中，Ⅰ脉冲药柱采用 TP-H-3518A 推进剂，Ⅱ脉冲药柱采用 TP-H-3518B 推进剂。发动机喷管采用 TVC 柔性喷管，并在浇铸的双脉冲推进剂药柱之上缠绕纤维制成石墨/环氧复合壳体。我国目前还处于预研阶段，未完全进入工程化应用。

在隔离装置设计技术方面，国外已经研制成功六脉冲发动机试验样机，结构方式有金属隔舱式、非金属隔舱式、轴向隔层式、径向隔层式和轴向与径向隔层混合式，脉冲数量和结构形式均多于我国。我国目前主要是进行双脉冲发动机研究，结构方式只有陶瓷隔舱式、金属隔舱式、轴向隔层式、径向隔层式，轴向与径向混合式、非金属模压式仅开始探索研究。

在隔离装置与制造工艺技术方面，国外已经进行了多种结构形式的隔离装置研究与试验，掌握了主要的关键技术，比如 SM-3 第三级双脉冲发动机壳体采用整体式带药缠绕成型技术，我国这方面的技术较为薄弱。

（三）固体冲压发动机技术

2000 年 6 月美国海军航空司令部与轨道科学公司开展为 GQM-163A 靶弹研制和飞行试验，AerojeT 公司研制的 MARC-R282 可变流量固体火箭冲压发动机作为其动力系统。MARC-R282 可变流量固体火箭冲压发动机包括燃气发生器、四个二元进气道、级间舱、节流控制阀、燃料喷嘴、燃烧室和冲压喷管，发动机直径 0.35m，长度 3.41m。使用控制阀调节燃气流量，通过采用直线电动执行机构驱动圆柱塞控制流道面积，燃烧室采用钢壳体和浇铸式绝热工艺。首先进行的两发无制导飞行试验，验证助推阶段性能、气动特性和转级性能。2010 年美国海军进行了高空俯冲弹道飞行试验，靶弹从地面发射，使用固体火箭助推器加速至冲压接力马赫数，试验表明 GQM-163A 可用于未来海军高空威胁模拟和反导系统测试，目前处于全速生产阶段。

德国流星"MeTeor"导弹弹径 178mm、弹长 3.70m、弹重 190kg、射程 100km、最大飞行速度 4 马赫，双下侧二元进气道布局，满足滑轨和弹射两种发射条件，采用高强度钢壳体、可烧蚀出口堵盖结构、整体式调节阀装置、C/SiC 冲压喷管以及钛合金进气道，进气道入口安装有移动式入口堵盖。燃气发生器调节比为 12：1，使用温度范围为 $-54℃ \sim +71℃$，已于 2012 年底开始进行产品生产交付。

俄罗斯三角旗设计局研制以固体燃料冲压发动机为动力装置的 R-77M-PD，其射程可达 160km。1995 年瑞典和荷兰合作研制成功 155mm 固体燃料冲压增程弹，并于 2001 年进行发射实验。南非的冲压发动机增程炮弹的研究始于 20 世纪 90 年代初。1993 年，南非首次研制成功了由冲压发动机推进的动能侵彻弹。2001 年，由南非国防科研部门开始研制了 155mm 旋转稳定冲压增程炮弹，并进行了实弹发射实验。

20 世纪 90 年代末，航天科工三院、南京理工大学以及国防科技大学等科研院所和高校也开始了冲压发动机的研制工作。其中，南京理工大学在国防预研项目支持下开展了一系列弹用固体燃料冲压发动机研究，并从实验和数值模拟方面研究了冲发动机的总体性能。航天科工三院 31 所也与南京理工大学合作并开展了冲压增程弹的研究工作。1996 年，国防科技大学开始了固体燃料冲压发动机的研究工作，2000 年开始针对固体燃料冲压打洞机增程炮弹开展了研究工作并与兵器工业集团 203 所共同承担了固体燃料冲压发动机关键技术研究。

目前，我国在固体燃料冲压发动机方面仍处于原理研究阶段，尚无针对以固体燃料冲压发动机作为动力装置的导弹、炮弹型号研制工作的报道。

（四）火箭基组合循环发动机

中国航天三院 31 在 RBCC 概念的基础上，还提出了固体火箭冲压基组合循环发动机（SRBCC：Solid-fuel Ram-Rocket Based Combined Cycle）新概念方案的设想和固液火箭冲压发动机（SRBLICC：Solid Rocket Based Liquid Injection Combined Cycle）方案，针对单模块超燃发动机开展了大量研究，已进行了马赫数为 4、5、6 的地面试验，均取得了正推力，解决了关键难题，并准备采用导弹助推来进行飞行试验。中科院力学所针对 RBCC 研究了不同工况下一次流和引射二次流之间混合的演变和发展过程，找出了不同来流条件下影响引射性能的主要参数，并根据试验结果提出了促进混合的可行方案。另外，中国空气动力研究中心、701 所、中国科学技术大学、南京航空航天大学和北京航空航天大学等科研院所和高校，也针对双模态、超燃发动机和高超音速进气道等开展了大量研究，突破了很多关键技术，取得了相当大的成果，为 RBCC 的多模态实现和部件集成奠定了坚实基础。

国内在 RBCC 组合推进系统方面的研究起步较晚，基础设施和硬件建设较不完善。基于目前世界各国对太空资源的争夺以及安全的考虑，国内应尽早制定并实施相应的战略计划，紧密跟踪国外的研究动态和最新进展，并借鉴它们的经验教训、研究成果和成熟技术。

（五）微型涡喷发动机技术

国外微型涡喷发动机的研究可追溯到 20 世纪 50 年代末，先后建立以 Teledyne CAE、Williams International 和 Microturbo SA 等为代表的一批实力雄厚的研发机构，并经过多年不断实践和发展，积累了丰富的经验（表 1）。

表 1　世界主要微型涡喷发动机性能参数

发动机	P15	TRI60	TRS18	WJ24-8	TJ-50	TJM-3	P200	P400
研制公司	雷虎模型公司	微型涡轮公司	微型涡轮公司	威廉斯	微型涡轮公司	三菱重工	JetCat	JetCat
最大推力 /daN	5.34	422	113	107	22	196	22	39.7
耗油率 /[kg/(daN·h)]	–	8.33	2.34	2.18	0.56	–	0.58	1.04
净重 /kg	1.9	47	42	22.7	3.2	46.5	1.85	3.65
最大直径 /mm	116	330	350	302	102	349	132	148
长度 /mm	124	749	578	500	288	863	307	353

LOCAAS 全称为 Low Cost Autonomous Attack System，即低成本自主攻击系统，是美国 Lockheed Martin 公司于 20 世纪 90 年代中期开始研制的一种防区外发射的小型精确制导弹药。动力装置为 TJ-50 发动机，可保证弹体飞行 30min 左右、射程约 200km。生产型则采用 Technical Directions Incorporation 的 TDI-J45 涡喷发动机，最大推力 13daN，推重比 3.2，耗油率 1.3kg/daN·h。该发动机还是 LAM（巡飞攻击导弹）和 SMACM（微型监视攻击巡航导弹）等弹药的首选动力装置。

法国微型涡轮机公司（Microturbo），是一家专门生产轻型飞机、遥控靶机、导弹用的小型涡轮发动机以及各种辅助动力装置的公司。微型涡轮机公司专为新型靶机和战术导弹设计的 TRI60 涡喷发动机。现有 TRI60-1、TRI60-2、TRI60-3 系列的若干种型号，其共同点是都有一个装在转子组件内的冲击轮，因而具有极佳的风车起动能力。用于机载导弹时，可利用飞机的向前速度起动；用于舰只、地面或直升机上发射的导弹时，要采用固体推进剂助推器，则利用本身的向前速度起动。TRI60 的操纵面宽，可任选多种操纵和控制形式，并可使用各种燃油和滑油。这种小型涡喷发动机现已用作美国、英国、印度、瑞典及法国等国家空、海军的导弹和靶机的动力。

TJ100 是捷克 PBS 公司设计的宽范围工作微型涡喷发动机，既可用于军用的导弹、无人机，也可用于民用的超轻型飞机、实验飞机。该发动机长度 485mm，直径 272mm，采用紧凑设计，结构为单级离心压气机、环形燃烧室、单级轴流涡轮。发动机自带 800W 直流无刷起动 / 发电机，无齿轮传动，全权限数字电（FADEC）控制，采用电动油泵对发动机进行供油与润滑。

与国外相比，国内对于微型涡喷发动机的研制起步比较晚，基础以及技术储备相对薄弱，但经过 20 余年的努力与摸索，我国在微型涡喷发动机研究方面积累了一定经验，也取得了一些成绩，但与西方发达国家仍有不小差距。目前正在研究推力为 400~1000N 级的微型涡喷发动机。由于国内是在近年来才逐步开展微型涡轮发动机研制，技术基础设计与试验条件仍显薄弱。因此，国内科技工作者们应继续深入开展相关工作，研发出性能更加先进、谱系更加完备的微型涡喷发动机产品。

（六）爆震发动机技术

对于 PDE（脉冲爆震发动机），国外各研究机构也进行了大量基础研究。2008 年，美国进行了首次 PDE 挂飞试验，PDE 独立工作时间 10s，4 管总频率 80Hz，峰值推力为 890N，飞行速度为 50m/s，飞行高度为 20~30m。2016 年，日本对旋转阀式 4 管 PDE 进行了飞行演示验证，发动机飞行时间为 1200ms，推重比为 2.0。我国对 PDE 关键技术也进行了大量研究，如爆燃向爆震转变（DDT）、燃料喷射与混合、高频技术以及性能分析方法等，取得了一定的研究成果。但在 PDE 的工程应用转化方面与国外仍有一定差距。

对于 RDE（连续旋转爆震发动机），国外也开展了大量 RDE 基础研究工作，实现了旋转爆震波的可靠起爆和稳定传播，获得了旋转爆震波的稳定传播边界及其主要影响因素。随后各国开展了 RDE 工程应用研究，如旋转爆震涡轮发动机以及冲压旋转爆震发动机等。美国、波兰等对旋转爆震燃烧室与涡轮组合发动机进行了研究。美国针对氢气/空气，开展了旋转爆震燃烧室驱动涡轮（T63）试验。采用与 JP-8 同等放热量的氢气作为替代燃料，采用空气引射方式与开式循环的 T63 燃气涡轮发动机结合工作了约 20min，且组合发动机产生的能效等级与原始发动机类似，在一定的工作范围内爆震燃烧驱动的涡轮效率优于原发动机。波兰实验探索了不同发动机结构与 GTD-350 燃气涡轮的组合，其结果表明旋转爆震燃烧室与 GTD-350 的组合可提高发动机效率。俄罗斯主要针对冲压旋转爆震发动机开展了工程应用研究，在来流总温 300K 且马赫数为 4~8 条件下，实现了以氢气为燃料的旋转爆震燃烧；在当量比为 1.25 的条件下实现了最大的推力 1550N，对应的比冲为 3300s，证实采用旋转爆震燃烧作为冲压发动机的工作模式是可行的，且可提供持续稳定的正推力。

我国在爆震基础方面的研究进展与国外基本相当，但在 PDE 和 RDE 的工程应用研究方面仍具有一定给差距。对于 PDE，我国仍需开展相关应用技术研究，特别是对于高频火箭式 PDE 相关技术的研究仍是发展方向，未来可发展为姿轨控动力，还可为脉冲爆震喷涂等民用领域提供技术支撑。对于冲压旋转爆震发动机，我国的研究进展与国外基本相当，均实现了工程尺度的冲压旋转爆震发动机稳定工作。但在旋转爆震涡轮发动机研究领域，我国对该发动机的研究尚处于起步阶段，取得的研究成果仍较少，与国外仍有较大差距。

四、本研究方向发展趋势与对策

（一）高能固体推进技术

火箭武器技术领域的主要发展趋势是远程化、精确化和高效毁伤的制导兵器，美国和俄罗斯在该领域始终处于领先水平，实现这一发展的关键技术是固体火箭发动机技术水平的提高。高性能固体火箭发动机技术迫切需要在推进剂高能化、推力可控、性能评估技术等方面开展更深入的研究。

1. 高能固体推进剂

高能固体推进剂是未来战术和战略武器用发动机的关键技术，是实现导弹和火箭远程精确打击的重要基础。固体推进剂在未来一段时间内的发展重点集中在以下几个方面：1）新型高能量密度材料或超高能量密度物质和含能黏合剂研究；2）不同种类、形态和用途的推进剂（高能富燃料推进剂技术、凝胶或膏体推进剂技术）之间的相互借鉴与优势互补；3）钝感、低特征信号、低成本和安全销毁与再利用技术。

2. 推力可控

目前固体火箭发动机由于工作过程烧蚀、冲刷严重，大都采用固定喷管方式，不利于对固体火箭发动机推力矢量进行调节，仅能通过装药燃面设计调节发动机的推力大小，而无法调节发动机的推力方向。采用喉栓式推力可调喷管技术可对发动机推力大小进行实时调节，实现发动机能量管理与弹箭武器任务相关联，提高弹箭机动灵活性，满足多任务需求。喉栓式变推力发动机关键技术包括推力调节机构轻质化小型化技术、动密封结构及长时间热防护技术和快速精确闭环控制技术。

3. 发动机性能评估

发动机工作性能方面，可通过获得不同烧蚀时刻下的喷管烧蚀型面，更加准确地获得发动机工作过程中喷管的非稳态烧蚀数据；尝试大涡模拟、直接数值模拟。由于烧蚀台阶的产生，燃气在此出现分离、再附着等复杂流动现象，探讨不同湍流模拟方法分辨近壁面湍流传热的适用性；在耦合传热的基础上建立壁面化学反应模型、动网格模型等，预测喷管烧蚀时内型面的变化，尤其是预示烧蚀台阶的产生和发展历程。

发动机安全性评估方面，应基于高能推进剂的高固含量颗粒填充模型的复杂性，建立材料的剪切实验、围压实验及细观显微测试方法，从而建立高能推进剂的各向异性本构模型，提高模型的预测精度；研究中也要考虑推进剂泊松比随着载荷历史和环境温度、湿度等外在因素的变化；进一步完善壳体/包覆层、包覆层/衬层、衬层/推进剂三种黏接界面的力学性能表征技术的研究，建立黏接界面的"弱界面层"本构模型，模拟出界面实际断裂过程中出现的颗粒脱湿、空穴成核等现象。推进剂断裂特性的率相关性还需要展开进一步的研究，考虑推进剂断裂特性和温度、应变率、围压环境的相关性，建立复杂装药结构断裂有限元模型，结合流固耦合的数值仿真方法对完整装药结构展开更加准确的仿真预测分析。

4. 电控固体推进剂发动机

电控固体推进剂发动机的推进剂具有独特的电化学特性，其燃烧状态能够通过电压或电磁场强度控制。在推进剂内部嵌入电极，电极两端与外部电源连接，在电极两端加载一定电压，推进剂能够实现点火，改变电压大小能够调节推进剂的燃速，切断电源，推进剂主动熄火，能够实现任意多次的重复点火和熄火，从而实现弹箭武器的高机动飞行。

（二）多脉冲固体火箭发动机技术

1. 双脉冲发动机弹道能量优化

双脉冲固体火箭发动机技术的本质目标在于通过脉冲隔离装置将发动机推力分段，优化各脉冲推力之间的时间间隔。在进行双脉冲固体火箭发动机性能优化时，不应仅仅是发动机自身性能达到最优，而应是综合性能达到最优。双脉冲发动机通过降低制导兵器最大飞行速度，减小飞行过程中的能效消耗提高能量利用效率，达到能量的有效管理，因此各脉冲之间的能量分配及间隔时间优化是双脉冲固体火箭发动机设计及性能优化的重要内容。

2. 轻质隔离装置设计及成型

脉冲隔离装置设计是双脉冲固体火箭发动机能否正常工作的关键。一般隔离装置分为硬质隔舱式和软隔层式。硬质隔舱式隔离装置作为消极质量，因此在能够承受燃气高压作用的前提下，减轻质量是首要优化目标，一般通过设计轮辐式支撑件来减小质量。不同轮辐设计方案对燃烧室内燃气流动影响较大，进而影响总压损失及燃烧室热防护层受热特性，因此有必要开展不同轮辐结构强度分析及其对燃烧室内流场影响研究。

软隔层式隔离装置具有结构简单，消极质量小，加工容易，易于装配等特点，具有良好的应用前景。一般主要形式有端面软隔层和内孔软隔层两种。目前，软隔层式隔离装置相关工程应用较少，相关理论研究还在进一步开展中。准确预测软隔层在热载荷及压力载荷作用下的炭化特性及其力学行为特性是软隔层实现工程化的关键技术。

3. 长脉冲间隔热结构防护

脉冲间隔期Ⅰ脉冲燃烧室余热会使燃烧室及喷管绝热层继续炭化和热解，在Ⅱ脉冲燃气作用下迅速剥离、烧蚀，绝热层烧蚀率将明显增大，同时因燃烧室内部隔离装置的存在，对燃烧室内流场产生影响，在燃烧室局部形成回流和旋涡，从而加剧了Ⅰ脉冲燃烧室绝热结构的对流换热和粒子冲刷效应。双脉冲喷管在脉冲间隙具有向燃烧室串动的趋势，导致喉衬和背壁间隙加大，形成燃气通道，在Ⅱ脉冲工作时，将增大喷管结构失效的风险。设计时，必须充分考虑发动机工作时喷管绝热组件的热膨胀、热解效应及热解气体的释放，同时优化结构，提高工作过程完整性，降低失效风险。

4. 快速响应点火

双脉冲发动机要求点火装置能够实现两次、快速、可靠发火，一般由2个独立的点火系统点燃两级脉冲药柱，可根据发动机结构形式和燃烧室药型等因素对两级点火装置集成。某双脉冲发动机将两级脉冲点火器和隔离装置集成为一体，有效减小结构尺寸，减轻结构质量，也便于弹上电源控制。Ⅱ脉冲点火装置的点火特性与隔离装置的打开特性紧密相关，发动机点火升压特性应与隔离装置的打开压强相匹配，方能获得理想的打开状态。

5. 级间转换流动特性

高温高压燃气流过级间通道时燃气形成回流区，并在下游壁面上产生再附着点，再附着点下游燃气逐渐恢复发展成正常管内燃气流动，最后从喷管喷出。在Ⅱ脉冲工作时，Ⅰ脉冲燃烧室热防护层直接暴露在高温高压燃气中，加强了对第Ⅰ脉冲燃烧室热防护层的对流换热及粒子冲刷，使其承受严重的热载荷，出现了最为剧烈的烧蚀形貌。因此准确计算热防护层所受热载荷对于热防护层设计有着积极的意义。

双脉冲固体火箭发动机在Ⅱ脉冲点火之前，Ⅰ脉冲装药已经燃尽并形成了一个较大的空腔容积，造成第Ⅱ脉冲点火过程中空腔容积显著增大，且在隔离装置破碎前后燃气作用容积急剧改变，这些特征将对双脉冲固体火箭发动机第Ⅱ脉冲点火过程燃烧室建压产生一定影响，甚至导致点火发生异常。因此开展双脉冲固体火箭发动机第Ⅱ脉冲点火瞬态影响因素研究对提高工程设计具有一定价值。

6. 装药包覆层高热流密度热载荷下本构模型及破坏特性

在对双脉冲固体火箭发动机装药包覆层工作过程进行仿真时，首先要建立装药包覆层的力学模型。在真实条件下，Ⅰ脉冲工作结束后，Ⅰ脉冲一侧的包覆层已经受到燃气的烧蚀，装药包覆层已经有部分热解和炭化，整个装药包覆层形成原始层–热解层–炭化层的结构，此时装药包覆层的力学特性已经不能用装药包覆层初始状态下的力学特性来描述，其破坏特性自然也不能用软隔层初始状态下的破坏特性来描述。为了更加准确地描述双脉冲固体火箭发动机装药包覆层的工作过程，有必要对装药包覆层烧蚀之后的力学特性进行研究。

7. 装药结构完整性分析

在双脉冲固体火箭发动机工作时，装药和隔层均受到燃气压强的作用，当固体药柱承受外载荷作用时，因其拉伸模量低，可能出现结构失效破坏，通常的结构失效破坏形式有两种：一是药柱内产生裂纹；二是药柱–包覆层–发动机壳体黏接面上发生脱黏。这两种失效都会导致燃面面积突然增大，使燃烧室压力骤增，轻则改变发动机预定的推力特性，重则引起爆炸等灾难性事故。因此有必要对双脉冲固体火箭发动机工作时的装药结构完整性进行分析。

（三）固体冲压发动机技术

1. 固体冲压发动机总体设计

固体冲压发动机进气方式、推力矢量控制方式、补燃室与弹体的一体化设计是固体冲压发动机的关键技术之一。在导弹飞行高度、速度和攻角发生变化时，如何保证冲压发动机进气道进气流量的稳定性，以及冲压燃烧室中推进剂的燃烧稳定性、减小不同工况下发动机推力和比冲与设计工况的偏差，是进气道、冲压补燃室设计人员不断追求的目标。

2. 贫氧推进剂研究

贫氧推进剂研究的发展方向包括提高含硼推进剂的燃烧效率，减少氧化剂含量，提高推进剂能量，开展贫氧推进剂燃速调节技术研究，减少壅塞式燃气发生器中燃烧残渣堆积，拓宽非壅塞式燃气发生器中贫氧推进剂的低压可燃性极限等。

3. 燃气发生器燃气流量调节

主要包括机械式燃气发生器喉部流量调节和非壅塞式燃气发生器中贫氧推进剂燃烧研究等发展方向。

4. 冲压补燃室中燃气二次燃烧研究

富燃燃气与空气的掺混，进气道特征、补燃室特征长度、空燃比、来流空气的温度和压强等因素对冲压补燃室中燃烧效率的影响。

5. 整体式助推器和转级方式研究

助推器药柱和喷管的结构、冲压补燃室内热防护技术和转级系统的实现及可靠性等。

（四）火箭基组合循环发动机技术

将 RBCC 推进系统用于实际飞行器的飞行中，还存在很多问题，还有许多重要环节影响其效能最大限度的发挥。需要解决的关键技术如下：1）机体一体化的集成优化；2）引射的机理研究；3）热防护和冷却；4）各模态下燃料雾化混合、火焰稳定和高效燃烧组织；5）各模态下燃油喷射策略、热力调节和性能优化；6）进气道和后体设计和性能优化；7）高热值、高热容、热稳定性好和高吸热性碳氢燃料的研制；8）各模态以及模态之间过渡实验方法。

RBCC 组合推进系统大大拓展了飞行器的高度 – 速度包线，为实现新的飞行任务提供了有力手段。从 RBCC 的发展现状可看出，国外对 RBCC 的研究非常重视，大多已形成了战略计划。研究层面从飞行器、发动机到关键技术，研究范围从二元结构到轴对称结构。采用 RBCC 推进系统作为动力装置的空天飞机，发射费用低廉、可靠性高，受到世界航天界的高度瞩目，具有迫切发展需求和广阔应用前景。

（五）微型涡喷发动机技术

1. 高速转子动力学结构设计

微型涡轮发动机主轴工作时转子会正常挠曲，不同的转速范围，转子振型不同，这往往会引起转子叶轮与导向器的刮蹭。因此如何设计转子与导向器之间的间隙，既保证不刮蹭，又不过多损失气动效率是设计难点。此外，由于转子工作转速很高，对动不平衡度非常敏感，而单纯对部件进行动平衡后装配，并不能保证整机具有良好的平衡性能。

2. 高温高速抗过载轴承

微型涡喷转速高、热负荷大，且大多不设计独立的供油与润滑装置，如何选择合适的轴承并设计润滑流道，防止发射瞬间过载损坏发动机，实现抗过载轴承冷却与润滑的有机结合是微型涡喷发展的主要发展方向之一。

3. 燃料精确供给与控制

如何设计电动泵的最大流量和最小流量之间的比值，来保证供油量和发动机所需流量的平衡，以及燃料供给的精确控制，对于微型涡喷的发展有着极为重要的意义。

4. 高效能核心部件的设计和性能调试技术

微型涡喷发动机本身受到尺寸限制，燃烧室所占体积较小，容热强度大，压气机与涡轮部件效率低，如何设计和调试并与压气机和涡轮实现良好匹配，需要进行多次分析和试验。

综上所述，微型涡喷发动机的设计研制不能简单将航空涡喷发动机进行比例缩放，应当把微型涡喷发动机作为一个独立的顶层系统平台进行分析。在以后的发展过程中，应该全面把握微型涡喷发动机的系统构成要素，针对不同部件所遇到的设计与调试问题进行细致分析。

（六）爆震发动机技术

1. 宽速域冲压旋转爆震发动机

在宽速域范围内（马赫数 2~5）实现旋转爆震燃烧室与进气道的高效匹配工作、明确非定常喷管、燃烧室及隔离段的设计方法，改善气液两相旋转爆震燃烧的高效组织等，实现冲压发动机从等压循环向等容循环的转变，推动我国基于爆震燃烧的动力技术尽快向工程应用转变。

2. 旋转爆震涡轮发动机匹配工作特性

攻克旋转爆震燃烧室与涡轮及压气机的匹配工作与设计，推动涡轮发动机从等压燃烧向增压燃烧转变，发挥旋转爆震燃烧室的自增压能力，减少压气机和涡轮的负荷或级数，减轻发动机重量，提高发动机的推重比。

3. 液态燃料旋转爆震燃烧组织与主动控制

动旋转爆震发动机向工程应用转变，需实现对液态燃料旋转爆震燃烧的高效组织和主动控制，有利于发挥旋转爆震发动机的推进性能，拓宽其工作边界。发展适用于爆震燃烧的高密度碳氢燃料也是我国发展爆震推进技术的有效对策之一，有望推动基于爆震燃烧的动力技术的快速发展。

参考文献

[1] 郑剑，李学军，庞爱民，等. 国内外含硼富燃料推进剂燃烧性能研究现状［J］. 飞航导弹，2003（4）：50-53.

[2] 郑日恒. 法国冲压发动机研究进展［J］. 航天制造技术，2006（2）：11-15.

[3] R S Fry. A Cen Tury of RamjeT Propulsion Technology Evolu tion［J］. Journal of Propulsion & Power，2004，20（1）：27-58.

[4] 郑凯斌，李岩芳，曾庆海. 国外固体火箭冲压发动机飞行试验进展［J］. 弹箭与制导学报，2018，38（5）：85-90.

[5] 陈雄，鞠玉涛，朱福亚. 冲压增程弹用进气道实验与数值研究［J］. 南京理工大学学报（自然科学版），2007，31（4）：462-465.

[6] 张磊，周长省，鞠玉涛. 冲压增程炮弹发动机补燃室内流场分析［J］. 系统仿真学报，2008（20）：5480-5483.

[7] 彭灯辉，王丹丹，杨涛，等. 固体燃料冲压发动机燃烧效率建模与数值分析［J］. 推进技术，2014，35（2）：251-256.

[8] 张鹏峰. 国外RBCC组合循环发动机发展趋势及关键技术［J］. 飞航导弹，2013（8）：68-71.

[9] Olds J. Options for flight testing rocket-based combined-cycle（RBCC）engines［J］. AIAA 2011，36（5）：693-700.

[10] Springer A. Historic Trends in RLV Design：Lessons Applicable to Future Concepts［C］// Aiaa/asme/sae/asee

Joint Propulsion Conference & Exhibit，2013.

［11］Uwe Hueter．NASA's spaceliner investment area technology activities．AIAA 2001–1869.

［12］Quinn J E，Koelbl M E．Oxidizer Selection for the ISTAR Program（Liquid Oxygen versus Hydrogen Peroxide）［M］. 2002.

［13］秦飞，吕翔，刘佩进，等．火箭基组合推进研究现状与前景［J］．推进技术，2010，31（6）：660-665.

［14］陈健，王振国．火箭基组合循环（RBCC）推进系统研究进展［J］．飞航导弹，2007（3）：36-44.

［15］程锋，王华．巡飞弹最新发展概述及展望［J］．硅谷，2011（1）：1-2.

［16］薛然然，李凤超．微型涡喷发动机发展综述［J］．航空工程进展，2016（4）.

［17］梁德旺，黄国平．厘米级微型涡喷发动机主要研究进展［J］．燃气涡轮试验与研究，2004，17（2）.

［18］唐振寰．微型发动机整机振动分析［D］．南京航空航天大学，2009.

［19］陈巍，杜发荣，丁水汀，等．某微型涡喷发动机总体结构设计［J］．航空动力学报．2010，25（1）： 169-174.

［20］李宁，曹有荣．转子不平衡量的微型涡喷发动机轴承动反力分析［J］．空军工程大学学报（自然科学版）， 2016（6）.

［21］李颖杰，李环宇，吴林峰，等．微型涡喷发动机推进系统的试验建模［J］．清华大学学报（自然科学 版），2017（1）：110-115.

［22］秦杰，王键，王杨，等．弯掠前缘叶型对小型跨音速离心压气机性能的影响［J］．风机技术，2018，v.60; No.266（2）：49-55.

［23］弓可．微型涡喷发动机转子动力学特性研究［D］．南京理工大学，2013.

［24］张力，徐宗俊，王英章．微型涡轮发动机设计与制造的若干关键技术［J］．重庆大学学报（自然科学版）， 2003，26（11）.

［25］华国忠．微型涡轮发动机的设计与应用分析［J］．中国高新技术企业，2014（1）：10-11.

［26］张俊威．弹用微型涡喷发动机燃烧室初步设计及实验分析［D］．南京理工大学，2017.

［27］杨欣毅，董可海，田宇，等．弹用涡喷发动机地面起动试验研究［J］．实验技术与管理，2011（12）： 47-51.

［28］王栋．微型涡喷发动机试验研究［D］．南京理工大学，2011.

［29］郭琦，李兆庆．无人机和巡航导弹用涡扇 / 涡喷发动机的设计特点［J］．燃气涡轮试验与研究，2007，20 （2）：58-62.

［30］黄国平，梁德旺，何志强．大型飞机辅助动力装置与微型涡轮发动机技术特点对比［J］．航空动力学报， 2008，23（2）：383-388.

［31］刘源，黄向华，张天宏．厘米级微型涡喷发动机关键控制技术研究［J］．航空动力学报，2007，22（3）： 480-484.

［32］张群，范玮．多管吸气式两相脉冲爆震发动机实验［J］．航空动力学报，2012，27（9）：1935-1938.

［33］徐灿，马虎，李健，等．旋转爆震发动机火焰与压力波传播特性［J］．航空学报，2017，38（10）： 72-80.

［34］Peng L，Wang D，Wu X，et al．Ignition experiment with automotive spark on rotating detonation engine［J］． International Journal of Hydrogen Energy，2015，40（26）：8465–8474.

［35］Yang C，Wu X，Ma H，et al．Experimental research on initiation characteristics of a rotating detonation engine［J］． Experimental Thermal and Fluid Science，2015，71：154–163.

［36］周朱林，刘卫东，刘世杰，等．基于侧向膨胀影响爆震波的自持机理［J］．航空动力学报，2013，28（9）： 1967-1974.

［37］Lin W，Zhou J，Liu S，et al．Experimental study on propagation mode of H_2/Air continuously rotating detonation wave［J］．International Journal of Hydrogen Energy，2015，40（4）：1980–1993.

［38］ Liu S, Liu W, Lin Z. Experimental research on the propagation characteristics of continuous rotating detonation wave near the operating boundary ［J］. Combustion Science and Technology, 2015, 187（11）: 1790–1804.

［39］ Li B, Wu Y, Weng C, et al. Influence of equivalence ratio on the propagation characteristics of rotating detonation wave ［J］. Experimental Thermal and Fluid Science, 2018, 93（June 2017）: 366–378.

［40］ S. Yao, X. Han, Y. Liu1, et al. Numerical study of rotating detonation engine with an array of injection holes. Shock Waves, 2017, 27: 467–476.

［41］ Deng L, Ma H, Xu C, et al. The feasibility of mode control in rotating detonation engine ［J］. Applied Thermal Engineering, 2018, 129: 1538–1550.

［42］ 王超. 吸气式连续旋转爆震波自持传播机制研究 ［D］. 国防科技大学, 2016.

［43］ Shijie Liu, Weidong Liu, Yi Wang and Zhiyong Lin. Free Jet Test of Continuous Rotating Detonation Ramjet Engine. 21st AIAA International Space Planes and Hypersonics Technologies Conference, 6–9 March 2017, Xiamen, China, AIAA 2017–2282.

［44］ Zhou S, Ma H, Li S, et al. Effects of a turbine guide vane on hydrogen–air rotating detonation wave propagation characteristics ［J］. International Journal of Hydrogen Energy, 2018, 42（31）: 20297–20305.

［45］ Zhou S, Ma H, Liu D, et al. Experimental study of a hydrogen–air rotating detonation combustor ［J］. International Journal of Hydrogen Energy, 2017, 42（21）: 14741–14749.

［46］ A. Naples. Recent Progress in Detonation at Air Force Research Labs, International Workshop on Detonation for Propulsion, Pusan, Korea, November 14–15, 2011.

［47］ D. Hopper. Vulcan Engine Demonstration Program, DWP 2011–MBDA, Bourges Subdray–11–13, July 2011.

［48］ Ken Matsuok, Tomohito Morozumi, Syunsuke Takagi, et al. Flight Validation of a Rotary–Valved Four–Cylinder Pulse Detonation Rocket. Journal of Propulsion And Power, 2016, 32（2）: 383–391.

［49］ De Barmore N, King P, Schauer F, et al. Nozzle Guide Vane Integration into Rotating Detonation Engine ［C］// 51st AIAA Aerospace Sciences Meeting including the New Horizons Forum and Aerospace Exposition. 2013: AIAA 2013–1030.

［50］ Brent A. Rankin, Thomas A. Kaemming, Scott W. Theuerkauf and Frederick R. Schauer. Overview of Performance, Application, and Analysis of Rotating Detonation Engine Technologies. Journal of Propulsion and Power. Vol. 33, No. 1, 2017, 131–143.

［51］ Naples A, Hoke J, Battelle R T, et al. RDE Implementation into an Open–Loop T63 Gas Turbine Engine ［C］// 55th AIAA Aerospace Sciences Meeting. 2017: AIAA 2017–1747.

［52］ Wolański P. Application of the Continuous Rotating Detonation to Gas Turbine ［J］. Applied Mechanics and Materials, 2015, 782: 3–12.

［53］ Adam Okninski, Blazej Marciniak, Bartosz Bartkowiak, Damian Kaniewski, Jan Matyszewski, Jan Kindracki, Piotr Wolanski. Development of the Polish Small Sounding Rocket Program. Acta Astronautica. Vol. 108, 2015: 46–56.

［54］ Frolov S M, Zvegintsev V I, Ivanov V S, et al. Hydrogen–fueled detonation ramjet model: Wind tunnel tests at approach air stream Mach number 5.7 and stagnation temperature 1500K ［J］. International Journal of Hydrogen Energy, 2018, 43（15）: 7515–7524.

制导兵器制导控制技术发展研究

一、引言

制导兵器制导控制技术是指为实现战技指标所采用的导航、探测、导引与控制组部件及算法所涉及的技术。作为制导兵器的核心技术之一，制导控制技术是实现综合感知、制导控制、稳定飞行、精确打击等功能的重要保障，也是提高制导兵器数字化、信息化能力及整体作战效能的主要手段。制导兵器制导控制技术是一项涉及多学科、多领域的综合技术，其水平直接决定制导兵器功能和性能。该领域涵盖制导控制系统总体、导引探测、惯性与导航、弹载信息处理、执行机构、弹载数据链技术等多方面。

在制导控制总体技术方面，我国对制导控制技术所涉及的系统顶层设计、先进制导技术、先进控制技术等开展工作。从制导控制顶层推进了一体化制导控制系统设计研究工作；先进制导技术和控制技术取得重大突破，例如多约束末制导技术、侦察打击一体化制导技术、高超声速静不稳定控制技术、BTT/STT复合控制技术等；低成本制导控制技术取得突破性进展；基于能量管理的弹道优化技术大幅提升武器系统作战性能。

在导引探测技术方面，我国在激光、图像、射频制导技术及复合制导技术等方面开展工作，取得一系列成果。例如，突破了激光制导捷联大线性区设计、抗干扰技术，突破了图像制导成像敏感器关键技术，提高了射频制导目标分类识别水平。

在惯性与导航技术方面，我国制导兵器的惯性仪表主要有光纤陀螺、微机电陀螺、石英挠性加速度计等。其中，基于光纤陀螺的惯性导航装置突破了三轴一体小型化、全温误差补偿、快速初始对准等技术，基于微机电陀螺的惯性导航装置突破了大转速测量、空中对准、抗高过载等技术，综合性能已接近国际先进水平。

在弹载信息处理技术方面，我国在弹载信息处理装置体系架构设计、数据运算、信息传输能力等方面都有较大提升。近年来，高性能片上系统、弹载处理系统架构设计、弹载电源综合管理等弹载信息处理一体化集成技术的发展成果显著，同时，基于微系统技术的微型弹载信息处理装置已在我国微小型制导弹药系统研制中得到应用。

在执行机构技术方面，我国已成功研制出高频响、抗高过载电动舵机，燃气／气动力复合舵机技术也取得了突破性的发展，60mm、40mm 及 27mm 微小型舵机技术正在开展工程化试验验证。

在弹载数据链技术方面，我国抗干扰技术取得突破，组网技术发展迅速。已开展的组网弹载数据链研究使组网节点数量、传输距离、传输带宽、抗干扰能力等性能得以提升，有力地支撑了巡飞弹、蜂群作战系统及智能弹药研发。

二、国内的研究发展现状

（一）制导控制总体技术

制导控制系统是制导兵器的核心系统之一，决定了制导兵器飞行性能和任务执行能力。我国对制导控制技术所涉及的制导控制系统顶层设计、先进制导技术、先进控制技术等开展相应工作，各类制导控制技术成功应用，填补了我国在相关领域技术空白，其系统关键指标也得到验证，为我国制导兵器提供了关键支持。取得的主要技术创新有：

（1）制导控制系统顶层设计取得重大突破。基于优化设计理论，集成气动、控制、弹道等各学科，实现制导控制性能指标优化，最优方案设计及分系统设计指标协调、分解，已成功应用于项目研制。我国重视制导兵器模块化、标准化和通用化设计，并从制导控制顶层开展了一体化制导控制系统设计研究工作。

（2）制导技术取得重大突破。为满足多种战斗部打击不同目标的弹道需求，采用掠飞攻顶技术、精确落角控制技术实现多约束末制导，并具备了垂直攻击能力。侦察打击一体化制导技术成功应用于长航时小型巡飞弹制导控制系统研制中，实现高精度命中目标。采用激光捷联制导技术、半捷联图像制导技术等关键技术，成功实现末制导低成本化。

（3）控制技术得到工程应用。针对采用面对称气动布局的小型巡飞弹药通道间运动耦合严重、动力学特性复杂的问题，突破了 BTT/STT 复合控制技术、强耦合非线性控制技术，保证稳定飞行。发展了推力矢量控制方法，突破了气动／燃气复合控制技术与离散脉冲控制器技术，快速性和稳定性都得到显著提高。突破多域转化控制技术，实现潜射防空导弹跨介质飞行。突破了高超声速静不稳定控制技术、气动／动力／控制耦合情况下的精细姿态控制技术，具备了对超／高超声速飞行器控制能力，系统指标达到国内先进水平。

（4）低成本制导控制技术已取得突破性进展。我国已在典型的反坦克导弹、制导火箭、制导炮弹等平台上开展了低成本制导控制系统研制工作，突破了卫星／地磁导航、激光捷联制导、捷联图像制导部件技术，提出了与低成本硬件相匹配的制导控制策略和算法。

（5）基于能量管理的弹道优化技术取得进展，大幅提升武器系统作战性能。发展了基于能量管理的弹道优化技术研究，通过在助推段采用姿态调制能量管理机动和滑翔段的能量管理，用于助推－滑翔导弹弹道的快速设计及任务规划，完成不同射程弹道优化设计，实现射程区间的覆盖。

（二）导引探测技术

制导兵器导引探测技术是用于感知外部复杂场景信息，并完成对感兴趣目标的探测、识别与跟踪，导引制导兵器对目标实施精确打击的技术，是关系到任务成败的关键技术之一。近年来我国在激光制导技术、图像制导技术、射频制导技术及复合制导技术等方面取得不少成果，部分性能达到国际先进水平。

（1）激光制导技术突破捷联大线性区设计、抗干扰等技术。激光制导技术是 20 世纪 60 年代开始发展起来的一项技术，目前广泛用于导弹、制导炮弹、制导炸弹等各类武器装备。激光制导具有精度高，抗干扰能力强的优点，近年来创新成果包括：捷联制导用大线性区四元探测技术、抗角度诱偏及高重频干扰技术、激光主动成像小型化技术、多维激光图像信息处理技术。

（2）图像制导技术突破成像敏感器关键技术。非制冷成像器件向尺寸小型化、高灵敏度发展，我国已成功研制出像元尺寸为 $14\mu m$、分辨率为 1024×768 的探测器。高灵敏新型大面阵可见光图像探测器向大面阵、高灵敏度发展，分辨率最高为 $5k\times 7k$。大视场捷联图像导引头的成功研制，为制导弹药提供了可行的低成本导引方案。

（3）射频制导目标分类识别水平大幅提高。随着雷达系统技术成熟度的提高、体积的大幅减小及成本的降低，用于制导兵器的射频制导技术快速发展。其中，毫米波制导技术已应用于制导兵器，可实现对地装甲目标的探测识别，一定程度上解决了抗强地杂波干扰及目标的分类识别问题，实现了点目标与体目标、建筑物与坦克等车辆目标的分类识别，关键性能指标接近国际先进水平。有源相控阵雷达制导突破了波束捷变及空间功率合成等技术。

（4）图像制导目标智能分类识别技术快速发展。随着目标特征提取技术的成熟和目标深度学习分类识别技术的逐步应用，一定程度上解决了典型地面目标的分类识别问题，实现了对建筑物、坦克等目标的自主识别。

（5）多模复合制导技术快速发展，在多个型号及预研项目中开展应用研究。随着光电干扰技术、隐身技术的快速发展，单一制导体制武器装备受到日益严重的电子战挑战，促使制导体制由单模导引向多模导引发展，多模复合制导体制可充分发挥各频段或各制导体制的优势，互相弥补不足，极大地提高武器系统的抗干扰能力和作战效能。我国已开展了激光／红外、激光／毫米波、毫米波／红外、激光／红外／毫米波等多种类型复合导引头研究工作，并突破了部分关键技术。

（三）惯性与导航技术

惯性与导航技术主要研究惯性仪表、惯性测量、惯性导航、卫星导航、卫星／惯性组合导航及其他导航技术，是制导兵器飞行控制的重要信息来源，取得主要技术突破如下：

（1）适用于制导兵器的惯性仪表主要有光纤陀螺、微机电陀螺、石英挠性加速度计、微机电加速度计，我国本类产品综合性能已接近国际先进水平，其中光纤陀螺精度已达到 0.001°/h，微机电陀螺精度已达到 5°/h，微型惯性测量装置抗高过载能力已超过 15000g/15ms。

（2）基于光纤陀螺的惯性导航装置突破了三轴一体小型化、全温误差补偿、快速初始对准等技术，技术成熟度高，已广泛应用于陆军战术导弹、制导火箭等领域；基于微机电陀螺的惯性导航装置突破了大转速测量、空中对准、抗高过载等技术，已成功应用于陆军战术导弹、制导火箭、制导炮弹、制导炸弹、巡飞弹等领域。

（3）在卫星导航技术领域，突破了北斗导航自适应调零抗干扰技术和空时自适应滤波抑制技术，卫星导航精度和抗干扰能力大幅提高，正在开展北斗地基增强系统在制导兵器中的应用研究。

（4）一种或多种外部辅助设备对惯性系统进行辅助的组合导航系统取得进展，并成功应用于型号及预研项目中。相继突破了卫星／地磁组合测姿、微惯性／地磁组合测姿、惯性／卫星／高度计／空速管多源信息融合组合导航和高精度惯性／卫星组合导航工程化等技术；开展了非线性／自适应卡尔曼滤波、联邦滤波和小波滤波等新型滤波技术在组合导航信息融合中的应用研究；正在开展惯性／卫星紧组合、卫星拒止环境下的组合导航等技术研究。

（5）地磁导航技术得到搭载飞行试验验证。针对地磁导航所涉及的外场干扰补偿、地磁数据延拓、地磁匹配方法、适配性理论和惯性／地磁组合导航滤波等关键技术进行了技术攻关，已完成了惯性／地磁组合导航原理样机研制，经过了搭载飞行试验验证，精度指标达到预期。

（四）弹载信息处理技术

弹载信息处理技术是实现武器装备制导与控制功能的关键技术。随着武器装备发展水平的提高，我国在弹载信息处理装置体系架构设计、数据运算、信息传输能力等方面都有较大提升。

（1）弹载信息处理一体化集成技术取得较大进展。弹载信息处理装置需要处理的信息日益庞大，包括飞行控制、传感器信息、数据链路系统、任务规划和导弹编队信息等。传统分系统相互独立的结构存在硬件冗余、体积庞大、资源未充分利用的缺点。近年来，高性能片上系统、弹载处理系统架构设计、弹载电源综合管理、弹载高速总线、多任务动态规划与并行处理、抗高过载设计等弹载信息处理一体化集成技术的发展成果显著。通过这些技术的综合利用，进行共性资源集成化设计、功能单元模块化设计，打破了传统弹载分系统相对独立的界限，集成了目标探测、导航、制导、控制、任务规划等功能，实现了硬件单元共用和数据资源共享，形成了资源高度整合，功能单元可扩展、可裁剪的模块化、标准化通用体系架构。

（2）基于微系统技术的微型弹载信息处理装置已在我国微小型制导弹药系统研制中得到应用。通过综合利用多芯片模组（MCM）技术、三维封装技术、芯片堆叠技术等微电子技术，以及多功能结构集成设计、轻量化电磁屏蔽等微系统技术的最新发展成果，已经研制出微型弹载信息处理装置，并成功应用于微小型制导弹药。

（五）舵机技术

制导兵器执行机构是控制系统的重要组成部分，它按照控制系统产生的指令动作，形成制导兵器姿态或位置调整的控制力或控制力矩，是实现精确制导、快速响应、灵活机动的关键。随着新材料的应用、电子技术的高速发展，我国积极开展执行机构的研究，取得主要进展有：

（1）电动舵机研制水平取得较大突破，已成功研制出高频响电动舵机、抗高过载电动舵机（不小于18000g）。随着永磁同步电机和先进功率器件研制能力提升，以及高速数字信号处理的发展，研制出了适用于多种特殊飞行环境的电动舵机产品。

（2）燃气/气动力复合舵机技术在制导兵器领域有了较突出的发展。该技术依靠空气舵和置于发动机尾喷燃气流中的燃气舵共同作用，为制导兵器飞行提供控制力矩，突破了燃气舵片抗烧蚀技术和空气舵翼与燃气舵翼同步联动设计技术，有效解决初始飞行段舵效低问题，性能指标均满足要求，已在型号项目中应用。

（3）微小型舵机技术正在开展工程化试验验证。直径60mm、40mm及27mm小型化电动舵机相继开展了关键技术研究工作，已进入试验验证阶段。

（4）超声波舵机技术已在工程项目中应用。基于直径60mm超声波电机的超声波舵机已成功应用于制导炮弹项目中，并取得很好的效果，输出直驱扭矩不小于$1N \cdot m$，与常规电动舵机相比，有不受电磁干扰，响应速度快的特点，随着超声波电机技术的不断发展，将会更广泛的应用空间。

（5）新概念舵机技术已开始原理方案设计和原理样机验证。近几年我们积极探索基于12.7mm增程子弹舵机技术，此技术具有典型的前沿性，也更能体现未来舵机技术研发能力，它打破传动舵机设计思想，采用基于压电材料特殊形变实现舵机功能的新型技术，目前已取得重大突破，已实现最大舵偏角不小于±5°、铰链力矩不小于$5mN \cdot m$，关键指标原理样机已进行仿真验证，成为微型舵机技术未来研究的重要方向和趋势。

（六）弹载数据链技术

弹载数据链主要针对制导兵器与制导兵器之间、制导兵器与其他平台之间的数据交换，以实现信息的传输交换和处理，帮助完成通信、指挥、精确制导等功能，主要进展如下：

（1）弹载无线数据链技术持续发展，抗干扰技术取得突破，已在多个国家预研项目中开展应用研究。单向指令传输数据链技术具有较强的抗干扰技术，应用于指令制导反坦克导弹系统。图像指令双向传输无线数据链采用宽带传输、图像快速压缩解压等技术，大幅降低图像传输与指令传输延时，使导弹具备了"人在回路"制导功能。

（2）组网弹载数据链发展迅速，支撑巡飞弹、蜂群作战系统及智能弹药研发。我国开展了数据链相关技术研究，使组网节点数量、传输距离、传输带宽、抗干扰能力等性能得以提升，并在网络化巡飞弹关键技术研究、远程巡飞蜂群作战系统技术、智能无人蜂群作战系统等弹药研制中应用。

三、国内外发展对比分析

（一）国外主要进展

1. 制导控制总体技术

在制导系统顶层设计方面，国外制导兵器发展非常重视模块化、标准化和通用化设计，从制导系统顶层对多平台、多功能、多用途的制导兵器进行规划和布置。美国的"海尔法"系列导弹、"宝石路"系列制导炸弹和以色列"NT"系列导弹是制导兵器制导系统实现多平台、多功能和多用途的典范。

在制导技术方面，国外已形成激光、红外、毫米波以及多模复合寻的制导技术等多种制导体制并存的局面。激光半主动、激光驾束制导技术应用成熟，并正向激光成像制导方向发展，红外成像制导技术全面处于第二代凝视焦平面探测器成像，未来将采用大规模、高密度红外焦平面探测器。毫米波制导技术在"长弓海尔法"空地导弹得到应用，毫米波工作频段由 8mm 向 3mm 方向发展，制导体制也由非相参向宽带高分辨率一维成像、共形相控阵成像等方向发展。多模制导技术方面，美国已实现激光半主动/毫米波/红外三模制导。惯性/卫星组合导航技术全面发展，应用在各种制导弹药上，CEP（圆概率误差）可达到小于 20m，基本不受作用距离的影响。以捷联、半捷联等技术为代表的低成本制导技术也在不断发展。

在控制技术方面，随着科技的发展和现代高技术战争的需要，对制导兵器的射程、速度、过载能力等提出了更高的要求，弹体向静不稳定、大攻角飞行等方向拓展，传统的控制技术在高技术制导兵器上的应用受到更多的限制，现代控制理论大面积走向工程应用，鲁棒控制、最优控制、变结构控制、自适应控制等技术在国外工程项目中均得到不同程度的应用，对研究对象的建模从线性化向非线性发展，更加真实的描述真实过程，智能控制成为热点领域，包括专家系统、神经网络、模糊控制等。已经部分应用的技术如静不稳定控制、推力矢量控制、质量矩控制、偏转弹头控制、大攻角控制等更加成熟，不断向着工程化方向推进。

在低成本化制导控制技术方面，国外主要进行弹药体系化、模块化、通用化规划，以及从体系规划分解技术研究方向，以减小弹药研制中同类技术重复等途径，降低成本。在研制新一代智能化弹药时，西方发达国家非常注重模块化、通用化和系列化设计技术，大部分方案是在已有型号的基础上改进改型，而且发展的目标多为适应本国的所有多平台通用，从而降低成本。例如，欧美研发的炸弹用制导组件均适用于北约 Mk 系列炸弹改造；美国精确制导组件适用于 105/155mm 炮弹，120mm 迫击炮弹制导组件有 90% 的部件与其通用。

在弹道优化技术方面，美国和俄罗斯的研制水平最高。Leondes 将热耗与过载相结合作为性能指标设计最优三维再入轨道；Zimmerman 提出一种在飞行过程中自动产生满足热耗约束的轨道设计方法；Rao 考虑到未建模扰动在真实飞行过程中的影响，将飞行器的控制裕度作为优化指标利用勒让德拟谱方法将最优控制问题转换为非线性规划问题，使用稀疏非线性优化方法设计标准轨道。俄罗斯人 Kaluzhskikh 在飞行器再入前设计参考滚动角次序，由于再入过程中受到大气扰动的影响，需要不断修正参考滚动角以满足纵程与横程的再入精度，根据实际飞行状态，不断设计满足热耗约束的参考轨道，并利用线性滚动角控制律来满足落点精度。

2. 导引探测技术

在激光/图像制导技术方面，近年来，国外在可见光、制冷红外、非制冷红外、紫外、近红外、双色及多色红外、偏振成像、激光半主动、激光主动成像等制导体制上研制了更高性能产品，向小型化、系列化、通用化、组合化等方向发展，逐步完成了对旧装备的升级换代及能力提升。

在射频制导技术方面，国外 Ka 及 W 波段的制导雷达，利用回波的极化特性可实现对目标的实时分类和识别，通过目标信号特征匹配，能对轮式车辆、履带车辆、地面防空单元等目标进行有效分辨。

在复合制导技术方面，国外已经成功研制并装备了激光/毫米波、激光/红外、毫米波/红外、主动雷达/被动雷达、紫外/红外双色、激光/红外/毫米波等多型复合制导武器。其中典型产品包括英国 2008 年列装的激光半主动/雷达双模复合"硫磺石"（Brimstone）空地导弹、美国 2018 年装备的激光半主动/红外成像/毫米波三模复合小直径制导炸弹（SDB Ⅱ）。

3. 惯性与导航技术

在惯性仪表及惯性测量方面，美国处于全面领先地位。美国 Honeywell 公司研制的光纤陀螺精度已达到 $0.00015°/h$；Boeing 公司研制了基于单晶硅的多环环形结构陀螺仪，角随机游走达到 $0.0021°/\sqrt{h}$，零偏不稳定性达到 $0.012°/h$；Honeywell 公司和 Goodrich 公司研制的微机电惯性传感器产品被应用于 155mm 卫星制导炮弹（Excalibur）、EX-171 增程制导炮弹

（ERGM）和155mm远程对陆攻击炮弹（LRLAP）上。目前，美国正在开展满足电磁炮等超远程制导炮弹需求的微机电惯性传感器技术研究，预计抗过载能力超过35000g。

在卫星导航方面，美国在20世纪90年代已完成了卫星导航技术在制导兵器中的应用，如JDAM制导炸弹、"神剑"制导炮弹、120mm制导迫弹等，在导航精度、抗干扰、抗高过载等方面处于世界领先地位。

在组合导航技术方面，国外已突破惯性/卫星紧组合导航技术。美军的"宝石路"Ⅳ制导炸弹采用了MEMS IMU（惯性测量）/GPS紧组合导航技术，具有价格低、精度高和抗干扰性能强的特点，已大量装备部队。国外已具有可适应冲击15g/s、加速度44g和速度12000m/s高动态环境的紧组合导航产品。

4. 弹载信息处理技术

国外弹载信息处理装置已具备芯片化、小型化、软硬件接口标准化、体系结构层次化等特点，能够满足高可靠、多任务、一体化、可扩展、可重构等应用需求。通过高速数据互联技术、同构/异构多核处理器设计技术、并行软件开发技术、嵌入式实时操作系统应用技术、实时应用程序设计技术、SOC（SOPC）设计技术、混合集成技术、高速数据总线技术、冗余设计技术、容错设计技术等技术支撑，能够形成功能定制化的高度集成芯片，并通过特定的嵌入式实时操作系统，充分发挥硬件性能优势。在弹载信息处理一体化集成方面，美欧等国家经历了由设备简单融合到系统顶层优化和系统集成，由分散设计到自顶而下的一体化设计的过程，目前已经进入系统功能集成和一体化设计阶段。美国小牛导弹和联合通用空地导弹均采用一体化信息综合处理架构，应用功能单元模块化、通用化的设计理念，能够通过功能单元的更换形成系列化弹载综合信息处理单元。

在微小型弹载信息处理装置领域，美国借助其强大的半导体工业水平，在处理器芯片晶圆、MEMS器件、无源器件等元件的异质、异构集成方面处于绝对领先地位，目前美军装备的"T-鹰"微型无人机已在阿富汗战场得到了实战应用，海军自研的"长钉"微型导弹已经完成了击落无人机的演示实验。

5. 舵机技术

在电动舵机方面，由于欧美等西方先进国家对电动舵机的研究起步较早，技术水平处于国际领先地位，美国及以色列生产的反坦克/反直升机导弹中都成功地使用了电动舵机方案，控制精度在1%以内。

在微小型舵机技术方面，美国在微小型精确制导枪弹与导弹领域已开展了微小型精确打击武器的研究，成功研制出了40mm直径"长矛"导弹、56mm直径的"长钉"导弹、欧洲以荷兰代尔夫特技术大学为代表，研制出了新型的28cm微小型扑翼飞行器"DelFly Explorer"，实现了自行起飞和室内自主避障飞行。美国在12.7mm激光制导枪弹领域已取得重大突破，处于世界领先地位。

在超声波舵机技术方面，超声波舵机在智能弹药领域属于新兴舵机，美国和日本超声波舵机技术起步较早，处于世界领先水平，20世纪90年代已成功应用在航天飞行器及高精度机器人领域，取得了较好的效果。

在新概念舵机技术方面，12.7mm增程子弹技术属于新概念舵机技术，美国桑迪亚国家实验室和美国特里蒂尼科学与成像公司均在12.7mm激光制导枪弹领域取得重大突破，处于世界领先地位。

6. 弹载数据链技术

为适应未来网络中心战，美军正在开展基于弹载无线数据链的"武器数据链体系结构"研究，并对"洛克希德·马丁"的JASSM，"雷神"的JSOW，波音的JDAM等多款武器开展了通用数据链LINK16以及TTNT融合验证。"杰索"C-1制导滑翔炸弹沿用了"杰索"C的惯性/卫星制导和红外成像导引头，同时加装了Link16数据链，可在飞行过程中更新目标信息。

美国国防部建立了"联合项目执行办公室"，主导建立了"联合战术无线电系统（JTRS）"，提出了统一的波形、接口标准化的软件无线电战术通信系统，使得符合JTRS要求的作战单元能够进行互联互通。目前，JTRS系统可兼容单兵电台（SRW）、宽带组网（WNW）、空基组网（JAN-TE），其中也包括弹载无线数据链。

（二）国内外差距

我国制导兵器制导控制技术与国外发达国家的技术差距，主要表现在：

1. 制导控制总体技术

我国制导控制总体技术跨入了世界先进行列，但总体技术仍停留在性能匹配、系统配置层面，体系化设计能力弱，综合集成水平低，在体系化和新型制导控制技术研究等方面与发达国家相比还存在差距。在顶层设计方面，我国制导控制模块通用化程度还有待提高。在制导技术方面，对激光雷达制导、惯性/SAR组合制导、太赫兹制导等制导技术的应用研究还有待加强。在低成本设计方面，受研发模式、设计理念和关键技术方面的约束，集成化程度、性能优化匹配、一体化控制等方面还存在一定差距。

2. 导引探测技术

在激光/图像制导技术方面，近些年我国产品性能已接近国外水平，指标先进性、耐高过载设计、激光抗干扰设计取得世界领先，但产品稳定性还有待进一步提高。在对伪装、隐身、低辐射特性目标的探测识别方面还存在差距；在激光制导的系列化、通用化、组合化设计以及对人眼安全激光波段的应用研究等方面还需要深入研究。

在射频制导技术方面，国外采用前斜视成像技术提高雷达目标识别能力。我国在前斜视成像技术方面尚处于理论研究阶段。在连续波对地探测、产品集成度和稳定性等方面的能力亟待提高。

在复合制导技术方面，我国多模复合制导技术在产品性能、技术成熟度、型号装备的种类和数量等方面与国外差距较大。共口径复合探测、信息融合、抗组合干扰等关键技术需进一步提升。多模复合制导的性能测试、评估及半实物仿真的设备、方法及体系需进一步完善。

3. 惯性与导航技术

在惯性仪表与惯性测量方面，虽然已掌握了光纤陀螺仪、微机电陀螺仪等惯性器件的工程化技术，但与国外先进水平相比，还存在精度不高、环境适应性不强等问题，仍需加强抗高过载微机电惯性器件 AISC 电路（专用集成电路）设计、封装测试工艺、工程化应用等方面的研究，不断提高惯性仪表、惯性测量装置的可靠性、环境适应性和工程化应用能力。

在组合导航技术方面，我国在组合导航技术研究的原创性及工程应用实际性能上与国外相比存在差距，在动态使用环境下的导航系统误差抑制、长期贮存性能和软件可靠性等方面需要进行更多的理论研究与工程改进，同时需开展高精度惯性导航系统的精确标定补偿技术、各种特定条件下的初始对准技术和高动态条件下的高精度组合导航技术等关键技术的研究。在惯性/卫星紧耦合导航算法、地磁或卫星导航信号的抗干扰理论和大转速条件下的测姿与定位性能提升等方面仍需加强技术攻关。

4. 弹载信息处理技术

在弹载信息处理一体化集成技术方面，我国目前正处于分设备独立开发向一体化集成设计发展的过渡性阶段，已经形成一体化集成弹载信息处理装置的完整设计理论体系和工艺手段，但只在部分种类的制导弹药系统中进行过验证，尚未形成能够适应多类型制导弹药的通用设计和工艺体系，理论和实践基础均相对薄弱，相关技术的发展参差不齐，缺乏整体体系架构。已研制出的样机功能密度较低，总体技术水平和运算平台性能不高。

在微小型弹载信息处理装置方面，我国自主研制的微小型弹载信息处理装置在运算能力、功耗和体积小型化等方面与国外均存在一定差距。我国的结构电气一体化集成设计技术、微系统技术、和芯片集成与封装工艺与国际先进水平还存在较大差距。

5. 舵机技术

在电动舵机技术方面，近年来我国电动舵机研制水平有了较大的突破，自 20 世纪 90 年代起，国内许多高校及科研院所均开始大力研制电动舵机，并成功应用在地空导弹、空地导弹、反坦克导弹等智能弹药领域，但对电动舵机关键技术如：舵机综合控制精度、高动态、高频现、高过载、强磁场干扰等与国外尚有一定差距，需要进一步提升。

在微小型舵机技术方面，我国开展了用于制导子弹的微小型舵机研究，在小体积、系统集成、控制精度等方面取得一定成果，但在结构系统和电气系统集成化程度与国外还存在一定差距，需进一步提升。

在超声波舵机技术方面，我国起步较晚。2013 年，超声波舵机技术首次应用于工程项目，但受技术局限，目前应用领域较小，未来需进一步拓展应用。

6. 弹载数据链技术

在弹载无线数据链协同方面，国外已经形成了相关的数据链波形标准，各型导弹、火箭弹等弹载无线数据链按照相关的波形标准设计，可跨地域网络的接入各兵种战术互联网，完成网内信息共享。国内弹载无线数据链组网协同能力还存在不足。

在弹载无线数据链复合抗干扰方面，国外弹载数据链采用高性能软件无线电、一体化的射频收发器、智能天线等技术，具有很强的抗干扰能力，国内弹载数据链由于软件无线电、射频器件等技术的限制，数据链抗干扰在技术复合使用方面与国外相比还有一些差距。

四、发展趋势与对策

面对日益复杂的陆战场环境，制导兵器正向智能化、网络化和协同作战等方向发展，这对制导兵器制导控制技术及产品提出了一系列新的要求。

1. 制导控制总体技术

重点发展方向有：精确制导技术在"打了不管"基础上进一步提高精度和可靠性；激光/红外、微波/红外、毫米波/红外等双模以及红外/毫米波/激光三模等复合寻的制导技术将不断走向工程应用；新型寻的制导技术将不断得到应用和发展，如非制冷红外成像、毫米波宽带主动成像、激光主动成像制导、太赫兹成像制导、相控阵雷达制导、合成孔径雷达制导等新技术；网络化协同制导技术使得各飞行器相互协同、相互配合共同完成作战任务，提高飞行器的整体作战效能；导航、制导控制的一体化设计、气动/结构/动力/控制多学科一体化设计的趋势将越加明显；先进控制理论和技术将广泛应用于制导控制系统设计，如动态逆控制、自适应控制、最优控制、鲁棒控制、变结构控制、智能控制等；新型控制技术更加成熟，不断走向工程化，如垂直发射控制技术、质量矩控制、推力矢量控制、强耦合非线性控制技术、变体飞行器控制技术等。

针对以上趋势，建议我国制导兵器制导控制总体发展对策包括：开展制导控制系统顶层设计，构建基于平台的系统数字化样机设计体系总体框架，完善设计规范和设计流程，建设数字化设计与仿真平台，对制导兵器制导控制设计方案进行跨领域、多学科的综合设计与优化。制导控制系统总体将采用多学科协同的设计技术，突破模块化、通用化设计，实现制导控制系统高度集成；采用先进制导技术和先进控制技术，提升系统性能和指标；采用制导控制一体化技术，将导航解算、制导控制算法乃至舵机控制、导引头信号处理等各种信息处理功能高度集成，降低系统成本，使制导兵器不断地向智能化、网络化、一体化等方向发展。

2. 导引探测技术

导引头向小型化、低成本、抗高过载、智能化、多色多光谱多波段复合、激光主动成像、雷达成像、自主探测识别与跟踪等方向发展。在光学制导技术方面，重点发展方向包括：复杂环境下弱小目标的自主识别与自动跟踪；多光谱、高光谱技术；组网蜂群多传感融合感知技术；三维成像探测识别制导技术；先进前沿图像成像探测新技术；微小型图像导引头技术；激光制导技术的系列化、通用化、组合化及多功能化；激光主动成像技术。在射频制导技术方面，向两维、三维成像方向发展，从根本上解决雷达目标分类识别难题。在多模复合制导技术方面，新频段、新体制探测技术不断出现，与传统探测体制复合，形成更新型、更高性能的多模复合导引头，并向小型化、集成化和通用化方向发展。重点发展共口径复合探测、信息融合、抗组合干扰、自主识别与自动跟踪等技术，其中信息融合重点发展像素级融合与特征级融合技术，自主识别与自动跟踪重点发展基于人工智能的完全自主识别、智能决策与融合跟踪技术。

针对以上趋势，建议我国制导兵器导引探测技术发展对策包括以下方面：继续加强总体技术优化研究，加强图像自主识别与自动跟踪技术研究；跟踪先进的图像探测技术的发展；开展应用于单兵制导武器、无人机载平台的微小型光学制导技术研究；尽快实现激光主动成像制导技术的工程化应用。借鉴 SAR（合成孔径雷达）导引头技术，以二维成像探测技术为发展重点，实现二维、三维成像探测技术的应用。结合多模复合制导武器的工程研制，突破共口径复合探测、高维度目标背景特性、多模信息融合、组合抗干扰等核心关键技术，尽快实现多模复合制导技术的工程化应用。进一步提高探测系统的测角精度，尽快实现低成本、大功率相控阵核心芯片的国产化研制。

3. 惯性与导航技术

在各类制导武器系统的应用需求牵引及现代物理学、先进电子技术、计算机技术和精密加工技术的强力推动下，惯性与导航技术发展呈现如下趋势：在惯性仪表和惯性测量技术方面，随着批量加工制造与自动测试技术的引入，数字化、集成化是惯性传感器发展的必然趋势，惯性产品也必将朝向标准化、货架化方向发展；在导航系统技术方面，先进理论研究对于产品综合性能提升意义重大，研究新型导航系统方案，如旋转调制、"三自"技术、极区导航和相对导航等对于改善系统精度、提升贮存寿命和扩展产品应用范围具有显著的意义；在组合导航技术方面，以惯性系统为基础的惯性 / 多信息组合导航系统研究与应用呈现深度化、多样化的特点。

未来惯性与导航技术领域有以下几个重点发展方向：

（1）进一步提升机械转子陀螺仪、动力调谐陀螺仪、光学陀螺仪、振动陀螺仪、微机电陀螺仪和石英加速度计等惯性仪表及配套元器件的精度、可靠性和环境适应性等性能，并向数字化、集成化、标准化和货架化方向发展。

（2）依靠新物理理论、新探测方法和新制造工艺等基础技术的进步，持续推进新概念惯性仪表的研发，如光子晶体光纤陀螺仪、硅基半球谐振陀螺仪、石英半球谐振陀螺仪、集成光学 /MEMS 陀螺仪、冷原子干涉陀螺仪及多类新型加速度计等。

（3）研究利用外部辅助导航设备构造组合导航系统的导航总体技术、滤波融合技术以及导航、制导与控制一体化技术。组合导航是解决产品性能和平衡经济性的最佳途径，在未来制导兵器领域，组合导航系统的应用必将呈爆发式增长。

针对以上趋势，建议我国制导兵器惯性与导航技术发展对策包括以下方面：在硬件方面，应参考国外小型化和高精度的发展思路，改进传统光学陀螺、微机电陀螺的体积、精度、可靠性、环境适应性等关键性能指标，同时积极开展新物理理论、新探测方法、新制造工艺等基础理论的研究，推动新概念惯性仪表的研发；在软件方面，可从总体应用的角度对导航技术进行分类梳理，统筹布局，同步推进，包括总体导航技术研究、通用导航子技术研发与标准化、专用导航子技术研发及标准化，最终形成完备的导航系统知识体系和标准技术库。

4. 弹载信息处理技术

为应对未来弹药武器系统小型化、轻量化、任务复杂性激增的需求。弹载信息处理技术将向以下几个方向发展：

（1）模块化、通用化。为了适应未来导弹系列化、模块化的设计要求，弹载信息系统向模块化、通用化方向发展，能够按照需求进行灵活扩展，适配多型导弹，避免研制中的重复工作，提高研发效率。

（2）集成化、微型化。随着多弹协同、蜂群攻击等新型作战形态的出现，制导弹药逐渐向精确化、小型化、轻量化发展，微小型弹载信息处理装置已成为国内外制导兵器领域的研究热点。

（3）高智能化。未来的战争将在更广阔的空间和更复杂的环境下进行，自主跟踪、自主探测、自主处理情报信息、自主识别敌我等作战需求使得高智能化已成为制导弹药的核心特征之一。

针对以上趋势，建议我国制导兵器弹载信息处理技术发展对策包括以下方面：在体系架构设计方面，构建"集中控制、并行处理、软件构件化"的开放式体系结构，以硬件模块、软件构建和高速弹上总线为基本元素，构建一体化、通用化、标准化的弹载信息系统。在软硬件实现方面，通过主从协同处理技术、多任务并行处理技术、弹上大容量数据高速存储技术形成多核并行处理能力的弹载信息处理装置；通过嵌入式系统建模技术、软件模块复用技术、横向分层软件结构、多核任务负载均衡设计技术形成扩展性和移植性强、耦合度低、支持构件化的弹载信息处理软件。

5. 舵机技术

随着现代战争作战模式发展，舵机作为制导兵器系统核心部件，需要不断创新，突破新技术。从目前我国的武器系统研发应用现状来看，电动舵机成为制导兵器主要发展方向，超声波舵机也逐步登场并在某些制导兵器上成功应用，同时基于特殊材料得新型舵机也根据需求开始研制应用。

舵机重点发展方向有：1）小型化、集成化、高精度发展方向。舵机系统要与弹上其他部件进行深度耦合，实现一体化设计。2）大功率、长工作时间发展方向。需积极提升大扭矩、高动态舵机综合设计技术，为大口径、超远程制导兵器发展奠定基础。3）高功率质比机电一体化发展方向，适应未来制导兵器超轻化的发展要求。4）新技术、新概念、新思维发展方向。基于形变材料的新型舵机技术等新型舵机技术正快速发展，从而满足制导兵器新需求。

针对以上趋势，建议我国制导兵器舵机技术发展对策包括以下方面：要有系统总体设计的思想来进行舵机系统设计，从全局角度和系统目标出发，性能上，考虑高精度、高效率、高可靠性、高适应性；功能上，考虑小型化、轻型化、多功能；层次上，考虑系统化、复合集成化；技术上，重视以高效多元的传动机构及传感器技术为核心支撑，以微处理器为基础的数字控制技术和以现代控制理论为代表的控制规律，实现舵机全数字化、智能化、集成化。开展协同创新、优化配置，积极利用同领域研究院所、高校、企业社会技术资源，提升自我研发能力，打造健康、稳定、双赢的合作伙伴。建立完善的综合数字化技术研发平台，提高产品研制效率，更加适应现代化制导兵器研发需求。

6. 弹载数据链技术

在弹载无线数据链组网方面，随着我军各兵种武器系统信息化的提高，信息化、网络化作战是必然趋势，弹载数据链必然要作为网络节点接入到我军信息化网络中，与各军兵种、武器平台信息共享，协同作战。新研制的各作战单元数据链应具有自组网能力，具有无线接入或通过武器平台接入上级网络的能力。

在弹载无线数据链复合抗干扰方面，为防止敌方通过侦收、监视等手段瘫痪我方数据链，新研制的各作战单元弹载无线数据链产品应具备时域、频域等复合抗干扰能力。

针对以上趋势，建议我国制导兵器弹载数据链技术发展对策包括以下方面：在弹载无线数据链方面，一方面以各类弹药协同作战、蜂群作战背景需求，研究基于弹载无线数据链组网协同技术，将组网方式将由集中式组网向分布式自组网扩展，组网规模由小规模编队向大规模集群发展；组网武器由单一类型武器向异构多类型拓展。另一方面研究基于认知的智能抗干扰技术，提高弹载无线数据链的复合抗干扰能力。在光纤数据链方面，提升制导光纤的设计与制造技术，改进缠绕装备与缠绕工艺，完善试验与测试手段，开展缠绕过程控制理论、光纤线包的应力场分布模型、放线动力学模型等方面的理论研究，夯实光纤数据链技术的技术基础。改变我国光纤制导武器基础薄弱的现状，推动光纤制导武器的设计由经验阶段上升为理论指导阶段，将加速我国光纤制导武器的自主创新能力。

参考文献

[1] 中国航天科工集团第三研究院三一〇所. 世界国防科技年度发展报告（2016）——精确制导武器领域科技

发展报告［M］. 北京：国防工业出版社，2017.

［2］ 张岩，曹聚亮，吴文启，等. 基于旋转调制的高精度激光陀螺寻北仪误差建模与补偿方法研究［M］. 北京：国防工业出版社，2017.

［3］ 李学亮. 自寻的导弹总体方案设计及弹道优化［D］. 北京：北京理工大学，2016.

［4］ 何晓峰，胡小平，罗冰. 北斗/微惯导组合导航方法研究［M］. 北京：国防工业出版社，2015.

［5］ 汤勇刚，吴美平. 载波相位时间差分/捷联惯组合导航方法研究［M］. 北京：国防工业出版社，2017.

［6］ Michael Y Shatalow，Charlotta Coetzee. Dynamics of Rotating and Vibrating Thin Hemispherical Shell with Mass and Damping Imperfections and Parametrically Driven by Discrete Electrodes［J］. Gyroscopy and Navigation，2011，2（1）：27-33.

［7］ S. Leary，M. Deittert，J. Bookless. Constrained UAV Mission Planning：A Comparison of Approaches［C］// 2011 IEEE International Conference on ICCV Workshops，2011.

［8］ 贾金艳，陈海峰，陈亚卿，等. 新型弹载制导信息处理系统一体化设计［J］. 飞航导弹，2015（8）：83-86.

［9］ 王东辉. 导弹多学科集成方案设计系统及其关键技术研究［D］. 北京：国防科技大学，2014.

［10］ 朱维. 航天器综合电子系统技术研究［D］. 上海：上海交通大学，2013.

［11］ 邵云峰，彭涛. 地空导弹综合测试技术发展及展望［J］. 现代防御技术，2012，40（5）：1-7.

［12］ 苟彦新，等. 无线电抗截获抗干扰通信［M］. 西安：西安电子科技大学出版社，2010.

［13］ 程永茂，等. 弹载数据链技术应用及其发展趋势［J］. 飞航导弹，2011.

［14］ 孙义明，杨丽萍. 信息化战争中的战术数据链［M］. 北京：北京邮电大学出版社，2005.

［15］ S. Chung，A. Paranjape，P. Dames，et al. A Survey on Aerial Swarm Robotics［J］. IEEE Transactions On Robotics，2018，34（4）：837-855.

［16］ 赵成泽. 中远程面对空导弹多学科优化技术研究［D］. 西安：西北工业大学，2016.

［17］ 周健，周喻虹，强金辉，等. 基于多学科优化的导弹总体参数设计［J］. 弹箭与制导学报，2010，30（4）：19-22.

［18］ 段菖蒲，王代智，陶晶. 某型激光末制导炮弹武器系统效能分析［C］// 首届兵器工程大会论文集，重庆，2017.

［19］ 唐胜景，史松伟，张尧，等. 智能化分布式协同作战体系发展综述［J］. 空天防御，2019，2（1）：6-13.

［20］ 伟明，孙瑞胜，吴军基，等. 变后掠翼航弹滑翔弹道优化设计［J］. 弹道学报，2012（2）.

［21］ 赵日，孙瑞胜，沈坚平. 变后掠翼制导炸弹滑翔弹道优化设计［J］. 航天控制，2014（1）.

［22］ 韩子鹏. 弹箭外弹道学［M］. 北京：北京理工大学出版社，2008.

［23］ 刘广，曾清香，张志军. 机载导弹导轨式发射虚实混合动力学建模与仿真［J］. 战术导弹技术，2016（1）.

［24］ 陈万春，杨振声，周慧钟. 倾斜转弯导弹外形综述及分析［M］. 北京：北京航空航天大学，1990.

［25］ 郑建华，杨涤. 鲁棒控制理论在倾斜转弯导弹中的应用［M］. 北京：国防工业出版社，2001：5-6.

［26］ 魏东辉，陈万春，李娜英，等. 智能变形导弹变形机理及协调控制机制研究［J］. 战术导弹技术，2016（2）.

［27］ 张宽桥，杨锁昌，王刚. 带落角约束的有限时间收敛末制导律研究［J］. 弹道学报，2015（4）.

［28］ 惠耀洛，南英，邹杰. 推力矢量拦截弹制导控制一体化设计［J］. 弹道学报，2015（4）.

［29］ 张宽桥，杨锁昌，王刚. 带落角约束的有限时间收敛末制导律研究［J］. 弹道学报，2015（4）.

［30］ 张良，黎海雪. 舰空导弹红外制导系统抗干扰性能评估方法研究［J］. 兵工自动化，2015（11）.

［31］ 吕卫华，徐大专. 弹载数据链抗干扰性能分析［J］. 南京航空航天大学学报，2015（3）.

［32］ 程永茂，陈望达，刘嶂，等. 弹载数据链技术应用及其发展趋势［J］. 飞航导弹，2015（4）.

制导兵器毁伤技术发展研究

一、引言

制导兵器毁伤技术是针对制导兵器打击不同类型目标，研究其毁伤能量（化学、力学、声学，光学、电磁学等）释放和控制技术，以实现对目标物理破坏或使目标功能丧失达到最佳效果的学科和技术方向。

我国制导兵器毁伤技术主要集中在反装甲类、反硬目标攻坚类、杀爆类和新概念类等战斗部技术以及引信技术等方面，在经过长期的仿研、跟研和累积，特别是近5年来，通过基础科研、技术预研、关键技术集成演示验证、型号研制等自主创新和技术攻关，取得了重要突破，成功研制并装备了一批创新性强、技术先进的战斗部与引信产品，显著提升了制导兵器的技术水平和毁伤能力，大幅缩短了与世界军事强国的差距。

反装甲目标战斗部方面，装甲技术的发展推动了反装甲战斗部技术快速发展，并呈现出多平台、智能化、攻击多模化等特点。相继出现了炮射反装甲聚能弹药、车载反装甲聚能弹药、单兵便携式反装甲聚能弹药、高速动能导弹等，极大丰富了制导兵器反装甲技术手段。聚能射流和杆式射流战斗部、爆炸成型弹丸、多模聚能装药战斗部、多聚能射流 / EFP（爆炸成型）战斗部以及动能穿甲战斗部等技术的发展，提升了制导兵器反先进装甲的毁伤能力。

反硬目标攻坚战斗部方面，相关技术研究是近5年最为活跃的，技术进步也是最为迅速的。这主要得益于，我国制导兵器的打击手段由以压制为主战略向以摧毁为主的精确打击转变，弹药制导化融信息技术与火力高效毁伤于一体，使对硬目标的点打击成为可能。因此，针对高效打击地下深层工事、洞穴、碉堡、机场跑道等坚固目标的迫切军事需求，国内已经建立了材料与结构在复杂应力状态下的失效 / 破坏评估方法，掌握了战斗部壳体结构 / 装药结构高应变率条件下动态力学响应规律，攻克了多次脉冲过载条件下装药抗过载安定性评价、装药典型缺陷模拟及抗过载安定性评价、超高速侵彻数值模拟等理论和方法，突破了反硬目标攻坚战斗部总体结构设计、弹体强度、装药安定性、引战配合、侵爆效能评估等关键技术，实现了在东风系列、长剑系列、远火系列等武器平台上的装备应用，毁伤效能同比提高 30% 以上，部分产品达到了国际先进水平，具备了装备跨越式发展能力。

杀伤爆破战斗部方面，高能炸药和预制破片技术广泛应用于多种类型制导弹药杀爆战斗部，在小脱靶量条件下，国内已实现了对一定区域内目标的杀伤；同时，随着装甲车辆、作战飞机、技术兵器、人员等目标防护能力的提升，推动了新型杀爆战斗部技术的发展，装备体系得到了不断拓展。国际上为实现打击恐怖分子基地的目的，相继研制巨型炸弹，如：美制"炸弹之母"（MOAB），威力半径达 150m，俄制"炸弹之父"，威力半径达 300m，国内已具备了基本相当的技术水平。在破片飞散控制技术方面，俄制 S-300 导弹采用定向战斗部技术使破片利用率由 20% 提高到 80%，炸药能量利用率由 17% 提高到 75%；该方面国内尚存一定的技术差距。目前，随着二代、三代高能炸药广泛应用以及各类重金属和活性破片的技术发展，杀爆战斗部仍是国内乃至世界最为活跃的战斗部类型之一。

新概念战斗部方面，在未来战场多样式打击和毁伤的军事需求牵引下，近年来一批新概念/新型战斗部技术研究工作取得显著进展。比如，多智能体组网协同毁伤技术、威力可控技术、活性穿爆燃毁伤技术、自分布后效毁伤技术、低附带毁伤技术、闪络毁伤技术等。通过先期概念探索和技术预研，揭示了毁伤机理，验证了技术可行性，开展了关键技术攻关，提出了战斗部设计方法，验证了战斗部终点效应等，为新概念/新型战斗部关键技术突破和研发奠定了重要基础。

引信方面，针对未来一体化作战方式的要求，引信可实现通过与指控系统、卫星导航系统、制导系统以及弹药/引信间的信息交联实现信息共享，从而更精确地感知弹药飞行环境和弹目间信息，实现精确打击、弹药毁伤威力和低附带损伤等方面的精准控制。同时，面向未来战争的复杂战场环境，引信进一步强化生存能力和复杂环境的工作可靠性，加速提升干扰对抗能力，达到"电子对抗的绝对安全和可靠"。另外，面对雨雪、雨雾及烟尘、地海杂波、静电放电、沉积静电、雷电及人工影响天气等自然与气象环境，引信技术快速发展，大幅提高了环境适应性。目前，国内制导兵器引信在提高目标探测识别能力、炸点精确控制能力和毁伤模式与效应控制能力等技术方面发展迅速，部分技术已达到世界一流水平。

二、国内的研究发展现状

根据制导兵器毁伤技术分类，分为反装甲战斗部技术、反硬目标攻坚战斗部技术、杀伤爆破战斗部技术、新概念战斗部技术和引信技术。这 5 个方面研究进展概述如下。

（一）反装甲战斗部技术

装甲目标是指具有一定装甲防护力和攻击能力的军事装备，主要包括坦克、装甲战车、舰船、技术兵器等，是在未来高技术局部战争中重点打击和对付的战场目标。特别是随着新型装甲、主动防护系统的发展和应用，坦克装甲的防护能力和生存能力不断提高，对反装甲武器的毁伤能力提出了严峻挑战。

目前，坦克装甲战车采用装甲防护、主动防护、隐身、烟幕、三防五层技术手段进行防御。格栅装甲、"接触5"重型反应装甲和主动防护系统等先进装甲大量装备于国外主战坦克的主装甲、侧装甲及顶装甲上，如：中东各国主战坦克上披挂了简易格栅装甲，俄罗斯、印度等T-90主战坦克上装备"接触5"反应装甲，美国"艾布拉姆斯"主战坦克上装备"瞬杀"主动防护系统、俄罗斯T-90主战坦克上装备"竞技场"主动防护系统、以色列"梅卡瓦"主战坦克上装备"战利品"主动防护系统等。应用于坦克上的复合装甲主要包括：陶瓷复合装甲、橡胶复合装甲、蜂窝复合装甲、高分子纤维复合装甲等，主要靠改变复合结构及复合材料特性对来袭弹药进行防御。装甲技术的发展推动了反装甲战斗部技术的快速发展，国内聚能/杆式射流战斗部、爆炸成型弹丸战斗部、动能穿甲战斗部和多模聚能装药战斗部技术快速发展，取得了一批显著的成果。

1. 聚能/杆式射流战斗部技术

针对国外先进装甲防护体系，国内反装甲武器近年来取得了快速发展。在不同作战模式下为有效打击主战坦克，装备了各类反坦克弹药聚能/杆式射流战斗部，包括：反坦克火箭弹、反坦克导弹和坦克炮破甲弹等，具备了对均质装甲钢（RHA）最大破甲深度达8~10倍装药口径的能力。为消除爆炸反应装甲（ERA）出现对聚能射流产生干扰使威力大幅度下降的威胁，应用了串联战斗部装药技术，突破了串联装药两级起爆延时设计关键技术，使爆炸反应装甲干扰飞片飞离干扰区后，后级主射流正好到达装甲板面，在炸高不大于10倍装药直径下，对RHA穿深威力约10倍装药直径。

目前，低密度射流侵彻反应装甲"穿而不爆"技术研究取得了一定进展和突破，初步实现了静爆条件下串联战斗部前级射流对轻型反应装甲的穿而不爆、后级主射流对主装甲破甲性能不降低的目标。但用于对付以"接触-5"为典型的中重型反应装甲，低密度射流穿甲威力尚有待突破，"穿而不爆"作用效应有待进一步的验证。

杆式射流（Jetting Projectile Charge，JPC）是一种速度、质量处于射流和爆炸成型弹丸（EFP）之间的新型聚能战斗部。与射流相比，JPC技术具有对炸高不敏感、药型罩利用率高和后效大等特点和优势；与EFP技术相比，JPC飞行速度、长度、断面比动能均更大，侵彻能力更强，应用于未来多用途和多模弹药，具有良好的前景。在20~50倍装药直径炸高下，JPC对RHA穿深约4倍装药直径，用于打击轻中型装甲、钢筋混凝土、砖墙等目标更具毁伤优势。

2. 爆炸成型弹丸战斗部技术

爆炸成型弹丸（Explosive Formed Projectile，EFP）是一种利用炸药爆炸使大锥角或球缺药型罩发生翻转形成具有良好气动外形的高速弹丸状侵彻体。与 JPC 相比，EFP 的优势在于其基本无速度梯度，能在大炸高下对目标实施有效打击。目前，EFP 有效打击距离达到 1000 倍装药直径以上，对 RHA 穿深不小于 0.5 倍装药直径。EFP 战斗部技术已广泛应用于末敏弹药、灵巧 / 智能弹药等反装甲武器以及水中兵器、攻坚武器的战斗部，可对付坦克顶甲、底甲、装甲战车、潜艇、钢筋混凝土等目标。

针对防护薄弱的坦克顶部，国内研制了多种 EFP 战斗部型号产品。为解决 EFP 的远距离飞行稳定性、立靶密集度和威力优化等难题，某 EFP 产品采用聚黑铝 -2 炸药与钽钨合金球缺药型罩技术方案，攻克了传统聚奥 -8 与紫铜球缺药型罩方案威力不足的技术难题，并采用数值模拟和试验验证等研究手段，解决了 EFP 远距离飞行稳定性和立靶密集度等技术难题，实现了战斗部装药长径比在 0.71 条件下，炸高在 720 倍装药口径下，破甲威力达到 0.5~0.6 倍装药口径的技术水平。

3. 动能穿甲战斗部技术

动能穿甲毁伤是指战斗部以很高的速度与目标碰撞，将其携带的巨大动能传递给目标，引起结构的剧烈响应，从而造成目标整体结构、典型部件、仪器设备的功能破坏 / 丧失或人员伤亡，最终使目标失去作战能力的一种毁伤模式。国内开展了高速动能导弹用动能穿甲战斗部技术研究，动能穿甲战斗部侵彻能力与国外基本处于同一技术水平。

4. 多模聚能装药战斗部技术

多模聚能战斗部技术是当前研究和发展的热点，可使聚能弹药实现一弹多用，有效摧毁战场上出现的各类目标。多模聚能战斗部技术的最大特点是：利用同一聚能装药结构，通过不同起爆方式实现 JPC、EFP 和破片 3 种毁伤元模式的转换，有针对性攻击目标，提高战场适应能力。美军 LOCAAS 自主攻击弹药和未来战斗系统（FCS）LAM 巡飞弹采用了三模爆炸成形侵彻体战斗部，可实现对人员软目标、半硬目标和轻 / 重装甲目标的有效打击。

国内在多模战斗部技术作用原理、毁伤元转化机理和实现途径等方面取得了一定技术突破。针对环形起爆难实现的问题，提出在扁平偏心亚半球型药型罩条件下，通过改变单点起爆位置实现双模毁伤元转换的方法。突破了新型药型罩材料、加工制备及其与高能炸药匹配技术难题，掌握了药型罩材料性能参数对双模毁伤元的影响规律。初步突破了在多模 EFP 战斗部上实现破片毁伤元转化的技术难题。通过试验和数值模拟技术，掌握了通过多点起爆方法控制炸药爆轰波相互作用和叠加效应，利用压力汇聚将金属药型罩沿应力集中带切割成多枚规则破片。实现了 JPC、EFP、MEFP（Multiple Explosively Formed Projectile，MEFP）及 JPC、JET（聚能射流）等多模战斗部的可选择转换。

（二）反硬目标攻坚战斗部技术

自海湾战争以来，随着空天超视距打击能力越来越强，各国将大型指挥中心、导弹发射井、机库等战略目标纷纷转入地下深层，防御结构越来越坚固。为高效打击和毁伤这类目标，反硬目标攻坚战斗部不断涌现，成为实施"外科手术"式打击的主战装备。可以预见，在未来高技术局部战争中，反硬目标攻坚战斗部与防护工程之间的较量必将成为战争的主要样式。

针对坚固深层永备工事内的敌指挥系统，结合高速武器有利于侵彻敌坚固工事的特点，制导兵器用攻坚类战斗部经过多年攻关，技术日臻成熟。目前，国内通过强化战斗部结构、装药结构设计，战斗部结构动态响应、数值仿真和试验评估等研究，解决了诸多瓶颈性难题，制导深钻侵彻火箭弹、炮弹可以有效摧毁碉堡、火炮工事、观察所、前沿指挥所等各类永备工事；高效打击地下油库、建筑物和机场跑道等各类后勤设施的攻坚战斗部层出不穷；尤其是深侵彻战斗部技术水平有了很大提高，如我国远火武器平台用侵彻战斗部于 2014 年列装部队，在重大军事行动中起到了举足轻重的作用，远程多管火箭武器系统 300mm 制导侵彻战斗部是我国第一款列装部队的攻坚弹药，采用动能侵彻原理，通过弹道拉升增速火箭弹搭载次口径动能侵爆战斗部，突破了深侵彻和自适应起爆控制技术，对混凝土靶侵彻深度达 4m，多层靶计层打击 5 层，实现了跨越式发展，填补了我国制导火箭深侵彻武器的空白。

综上所述，国内在需求牵引下，在先进侵彻战斗部结构设计技术、不敏感高能装药侵彻攻坚战斗部技术和超高速侵彻数值仿真技术等方面快速发展，取得了一批卓越的成果。

1. 先进侵彻战斗部结构设计技术

先进侵彻战斗部结构设计创建了高速非正侵彻理论模型，解决了 2.0~3.5Ma 着速下反硬目标钻地战斗部深侵彻及弹体结构失效机理等关键基础问题，建立了超高速反硬目标侵彻战斗部设计理论和技术体系，创新提出了高速深侵彻大长径比侵彻爆破战斗部弹体结构设计理论和弹体抗弯及装药设计准则、弹体内部炸药装药安全性匹配设计方法、非均匀刻槽弹体抗失稳机理，给出了弹体斜侵彻单层和多层间隔靶体弹道偏转影响因素和弹道稳定性条件。此外，通过引入弹体二次偏转机制，建立了弹体侵彻贯穿混凝土靶侵彻模型，实现了弹体侵彻有限厚靶弹道预估；给出了高速侵彻弹体弹塑性动力响应规律，构建了结构弹体动力学响应分析模型，提出了增强侵彻能力异型弹体头部设计方法，实现了大长径比（L/D=12）侵爆战斗部工程设计。同时，国际上首次提出了攻角和着角联合作用下弹体侵深及临界跳弹条件预估方法，得到了侵彻爆破战斗部对多层靶斜侵彻弹道变化规律；建立了高速弹体侵蚀模型，实现了侵蚀弹体侵彻能力定量预估；针对高速侵彻过程弹体结构响应实时测试难题，创新性提出了反向弹道实验方法，揭示了弹靶响应机理，为侵彻混凝土及多层混凝土靶战斗部结构设计提供了理论支撑。

在空腔膨胀理论的基础上，提出了适用于混凝土/岩石等脆性材料的空腔膨胀新模型、侵彻阻力模型和弹头损耗侵深理论计算模型。将由钢筋带来的额外侵彻阻力，解耦为"因钢筋对混凝土整体约束作用带来的间接侵彻阻力"和"因钢筋与弹体直接碰撞作用带来的直接侵彻阻力"，较合理地反映了钢筋对弹体侵彻阻力的影响，为侵彻钢筋混凝土战斗部结构设计提供了理论支撑，掌握了战斗部头部形状的影响规律。

揭示了钻地弹高速侵彻高过载、多冲击、大变形和长脉冲条件下非均质炸药损伤与点火机理，创建了非均质炸药多尺度力－热－化耦合响应模型，掌握了其高速侵彻下破坏模式及阈值，给出了相应的破坏准则，为高速侵彻战斗部装药结构设计提供了理论支撑。

突破了聚能－爆破两级串联侵彻战斗部工程设计难题，即先利用前级聚能战斗部作用，在混凝土、岩石、土壤等目标上产生一个较大直径的孔洞，再使用直径稍小的二级战斗部沿前级开出的孔洞随进到目标内部后爆炸，造成高效毁伤。该方面的国内外技术成果主要应用于亚音速巡航导弹战斗部上，已形成装备，可一举贯穿 2.5m 厚钢筋混凝土。

2. 不敏感高能装药侵彻攻坚战斗部技术

不敏感炸药是侵彻战斗部最基本的技术需求，高能量密度、高爆热炸药是提升攻坚战斗部在密闭空间内爆炸威力最直接而有效的途径之一。我们在第二代含能材料基抗高过载炸药配方体系上，发展了攻坚战斗部用抗过载内爆型炸药、侵彻温压型炸药、抗冲击高威力炸药，并在新概念炸药应用及其异形装药成型工艺技术等方面，取得了显著进展，爆炸威力达到 2 倍 TNT 当量，推进了工程化应用，提升了攻坚战斗部内爆威力水平。第三代含能材料基抗高过载高威力炸药配方体系取得了一定突破，初步解决了装药工艺和工程化应用技术难题，爆炸威力达到 2 倍 TNT 当量以上。新型高能钝感炸药工程化应用研究也在积极推进中，促进了攻坚战斗部用高能炸药更新换代。

3. 超高速侵彻数值仿真技术

通过超高速侵彻数值模拟算法、超高速侵彻弹靶模型前处理技术、高应变率下弹靶材料模型及其动态响应特性等研究，完成了高超音速下战斗部侵彻钢筋混凝土目标过程弹体及装药结构力学响应、装药抗高过载性能、深侵彻机理等仿真。创建了高速弹靶相互作用数值模拟高精度高分辨率伪弧长算法，建立了计及钢筋强化效应及损伤的钢筋混凝土本构模型，成功研制了强动载下弹靶动态响应三维并行计算软件。突破了国外技术封锁，提高了弹靶作用过程数值模拟精度和分辨率，解决了侵彻贯穿拉伸区计算失效难题，为弹体高速侵彻钢筋混凝土以及超高速碰撞问题精细描述提供了有效研究手段。

（三）杀伤爆破战斗部技术

杀伤爆破（简称杀爆）战斗部兼顾杀伤与爆破两种毁伤效应，主要用于防空反导、反辐射、杀伤敌有生力量和技术装备，该技术的发展可以追溯到 20 世纪初高能炸药的广泛应用。目前，高能炸药、活性破片、高强度钢等材料的发展以及破片增益技术的进步仍然是杀爆战斗部技术进步的重要推动力量，国内在大当量温压炸药装药战斗部、活性破片、高强度钢破碎控制、预制破片驱动和动爆毁伤威力试验与仿真等技术方面快速发展，取得了一批显著的成果。

1. 大当量温压炸药装药战斗部技术

温压炸药是近年来得到快速发展的一类负氧高能炸药，主要由高能单质炸药、燃烧材料和黏合剂等组成。不同于传统炸药，温压炸药添加了高能燃烧材料，如铝、硼、硅、钛、镁、锆等粉末。这些粉末燃烧释放大量能量，显著增强了炸药热效应和压力效应，能量不低于 1.8 倍 TNT 当量，已在多型制导弹药杀爆战斗部上得到应用。另外，采用熔铸或浇注工艺装药技术，可实现 5000kg 以上级温压炸药战斗部装药。

针对大口径榴弹装药能量低的难题，通过温压战斗部装药工艺技术研究，攻克了中大口径炮弹多变径、大密度、大长径比温压炸药压药结构设计及装药技术，建立了温压装药力学性能分析模型，完成了温压药柱压变过程仿真，实现了温压药柱密度检测与一致性控制。针对承受炮射过载高、装药量大、装药长细比大、装药底面积小、装药密度高、底层应力大的复杂装药结构，突破了单冲反挤分装直接压药技术，实现了单冲反挤分装直接压药技术在国内装药领域的首次成功应用，解决了复杂装药条件下，大密度装药、装药密度检测、装药密度一致性等技术难题，实现了压药生产率提高 25%；应用温压炸药的大口径榴弹战斗部实现了综合威力较原装药提高 50% 以上。

在高能云爆炸药及应用研究方面，建立了大当量云爆战斗部云雾浓度、超压场测试方法，掌握了固液混合型云爆药剂抛撒特性、云雾场浓度、云雾爆轰场强度分布及战斗部设计方法，突破了云爆药剂抛撒和起爆等关键技术，完成了 300kg 以上级大当量云爆战斗部样机研制；同时，也实现了反坦克火箭弹的云爆装药应用，应用云爆装药的反坦克火箭弹威力较原装药提高 30% 以上。

不敏感熔铸炸药是一类广泛应用于杀爆战斗部上的不敏感高能炸药。在不敏感熔铸炸药工程化应用研究方面，突破了单质炸药包覆控制、弹体装药和弹药适配性等关键技术；对应装填不敏感熔铸炸药的战斗部，试验考核了快烤、慢烤、破片撞击、子弹撞击、射流撞击及殉爆六项不敏感性能，已开始应用于制导兵器杀爆战斗部。

2. 活性破片技术

针对新一代杀爆类战斗部迫切需要大幅度提高防空反导、反辐射毁伤能力的重大军事需求和瓶颈性技术难题，打破基于惰性重金属破片纯动能打击和机械贯穿毁伤目标的传统技术理念，研制了新一代具备"动能"和"爆炸"双重毁伤作用的活性材料破片，攻克了类金属强度、类炸药能量和类惰性钝感的活性破片材料设计与制备技术难题，研制成功强度达 300MPa、密度在 2.5~10.5g/cm³ 范围可调的活性材料破片；建立了侵彻、能量释放、引燃、引爆、结构毁伤等性能表征工程模型；原创活性材料破片在杀爆类战斗部上工程化应用方法，攻克了活性破片在高能炸药爆炸驱动下不碎裂、不爆炸、高初速、碰撞目标高效激活爆炸等瓶颈性难题，实现了活性材料破片战斗部综合威力提高 1~3 倍。目前，聚合系、化合系、合金系、非晶系等各类活性材料破片研究活跃，技术上不断取得突破。

3. 高强度钢高均匀破碎技术

针对要地、重要点目标防空作战近 / 末端防御任务需求，研制防空制导炮弹用杀爆战斗部，攻克了战斗部用高强度（2000MPa）钢高破碎性技术难题，实现了破片成型均匀性，具备了近 / 末端防御防空作战的能力。同时，突破了高强度钢壳体激光刻槽技术，实现了高强度战斗部壳体预控破碎，提高了制导弹药的杀伤半径。

4. 预制破片驱动及控制技术

目前，杀爆战斗部利用高能炸药装药爆炸驱动可使 1~12g 小质量钨合金破片获得 2300m/s 左右的飞散初速，钢质破片可实现更高的飞散初速，非金属或高韧性钢内衬可有效防止破片在爆炸驱动下发生破碎；针对动能拦截器杀伤增强装置高效引爆弹道导弹战斗部的应用需求，实现了 200g 以上大质量钨合金破片的可控驱动。另外，为解决破片飞散能量分散问题，通过优化战斗部母线和利用网络起爆控制战斗部破片飞散区域技术以提高战斗部杀伤效能；同时，突破了单、双聚焦战斗部母线设计关键技术，破片聚焦带不超过 2°；突破了展开式定向战斗部设计关键技术，战斗部破片层全朝向目标方向飞散，提高了破片利用率；采用全电子同步网络起爆控制技术，实现了战斗部偏心起爆破片数量增益。为提高不同形状破片混排杀爆战斗部结构设计效率，我国研制成功具有完全自主知识产权的杀爆战斗部破片场飞散特征分析软件，可支持 10 万枚以上破片场飞散速度、角度等特征分析，可进行三维展示，技术水平及分析能力与国外相当。

5. 动爆毁伤威力试验与仿真技术

针对远火系列远程精确制导弹药，实现了战斗部动爆毁伤威力场测试，突破了动爆炸点高度测试、动爆破片场地面分布测试以及对生物、油箱、装甲车辆等目标的动爆毁伤幅员测试等关键技术，掌握了制导弹药杀爆战斗部动爆毁伤威力；自主研发了杀爆战斗部动爆毁伤威力仿真软件，补充了试验弹样本不足的局限，为杀爆战斗部实战化威力评测分析和应用手册研编提供了有力支撑。

（四）新概念战斗部技术

新概念 / 新型战斗部技术系指在技术概念 / 原理、毁伤机理、毁伤模式和毁伤效应等方面，都显著有别于传统的战斗部技术。目前，新的毁伤机理仍然是新概念战斗部技术重要的探索方面，国内在多智能体组网协同毁伤、威力可控战斗部、活性穿爆燃毁伤增强多用途战斗部、自分布后效毁伤战斗部、低附带毁伤战斗部和反电力系统闪络毁伤战斗部等技术方面快速发展，取得了一批显著的成果。

1. 多智能体组网协同毁伤技术

针对体系对抗、精打要害的军事需求，以巡飞、仿生等智能化弹药为载体，提出多智能体组网攻击与协同毁伤控制技术概念，突破了多弹药协同毁伤瞄准点规划技术，建立了捷变时空异构精导弹药组网赋能基础理论与方法，研究了多弹协同分布式打击毁伤模式及智能集群弹药高精度协同控制毁伤技术。

2. 威力可控战斗部技术

非对称战争日益增长的政治复杂性对武器提出了毁伤效应精准可控的性能需求，应发展威力可控战斗部技术；目前，主要采用内外层环形复合装药结构实现战斗部威力的可控。通过对内外层双元装药爆轰特性研究，为装药匹配设计提供理论依据，开展了基于爆轰方式转变的威力可控战斗部机理研究，建立了炸药在发生燃烧转爆轰时轴向及径向超压预估模型，提出了威力可控新型空心装药结构战斗部破片初速估算方法。

3. 活性穿爆燃毁伤增强多用途战斗部技术

针对小口径穿甲战斗部多用途、强毁伤、高安全等军事需求，提出活性穿爆燃毁伤增强多用途战斗部技术概念，突破了弹用活性材料强冲击下力 – 热 – 化耦合响应和能量释放控制关键技术，解决了活性材料在小口径多用途战斗部上的应用技术难题，揭示了活性穿爆燃毁伤增强机理，验证了活性穿爆燃毁伤战斗部终点侵彻、引燃、引爆及结构毁伤效应，建立了活性穿爆燃毁伤战斗部威力模型，掌握了活性穿爆燃毁伤多用途战斗部在不同弹靶作用条件下的毁伤规律。

4. 自分布后效毁伤战斗部技术

针对中大口径侵彻类战斗部高效打击大中型舰船、钢筋混凝土建筑物等多层大间隔目标的军事需求，提出了自分布后效毁伤战斗部技术概念，揭示了自分布后效毁伤战斗部终点作用机理，突破了自分布后效毁伤战斗部设计关键技术，验证了自分布后效毁伤战斗部终点效应，建立了自分布后效毁伤战斗部威力效能评价模型，掌握了自分布后效毁伤战斗部在不同弹靶作用条件下的毁伤规律。

5. 低附带毁伤战斗部技术

针对城市巷战等特殊作战环境下要求战斗部具备强毁伤打击域和弱 / 不毁伤非打击域的特殊军事需求，开展了低附带毁伤战斗部技术途径和设计方法研究，揭示了低附带毁伤战斗部终点作用机理，突破了低附带毁伤战斗部设计关键技术，验证了低附带毁伤战斗部终点效应，建立了低附带毁伤战斗部威力效能评价方法，掌握了低附带毁伤战斗部设计方法及其打击不同类型目标的毁伤规律。

6. 反电力系统闪络毁伤战斗部技术

反电力系统闪络毁伤战斗部技术，是一种基于绝缘子闪络原理，通过造成外绝设备闪络而导致电力系统崩溃失能的新概念软毁伤战斗部技术。我国提出以导电溶胶附着面密度为战斗部威力特征参量的绝缘子闪络毁伤模拟试验方法，开展了静爆毁伤效应试验，得到了绝缘子附着面密度对表面电导率、闪络电压梯度等因素的影响规律，揭示了导电液溶胶作用下绝缘子闪络放电机理，建立了绝缘子闪络放电半经验模型，掌握了闪络毁伤战斗部设计方法和毁伤规律。

（五）引信技术

引信是利用目标信息、环境和平台信息，确保勤务处理、发射和弹道飞行安全，在预定交会条件到来时按预定策略引爆或引燃弹药战斗部装药的控制系统。引信是弹药安全和毁伤控制的核心，是有效发挥弹药战斗部威力和获得预期毁伤效果的关键控制部件，是武器装备共用的最为敏感的国防科技关键技术。

随着高技术条件下局部战争的发展，精确制导弹药正在逐渐成为重要的战场毁伤手段，其作战使用量正在不断增加。战场上，引信既要确保制导弹药在勤务操作中、运输过程中以及安全距离内不会被引爆，又要确保制导弹药在飞离发射平台一定距离后能够可靠解除保险，并适时可靠地引爆战斗部，高效发挥制导弹药的毁伤威力。因此，引信性能优劣对制导兵器作战效能的发挥起着极其关键的作用。通过长期的技术积累，国内在反装甲导弹高瞬发度引信、硬目标侵彻灵巧引信、制导弹药杀伤爆破高精度探距引信等技术方面快速发展，取得了一批显著的成果。

1. 反装甲制导弹药引信技术

反装甲串联聚能战斗部均采用探杆式高瞬发度机电触发引信，前级采用碰合开关触发起爆，瞬发度达到 20μs，后级利用触发信号经高精度电子延时后起爆，采用双环境力解除隔离的隔爆式机电安全系统。通过改进引信的电磁兼容性和采用断发触发开关，使引信的弹道安全性和各种交会条件的发火性能大幅度提高，满足了适应日益复杂的战场电磁环境并减少危险哑弹。

另外，应用于激光制导炮弹上的激光测高、毫米波/红外复合探测引信，探测距离超过 150m，采用多模复合探测和信息融合处理，显著提高了复杂背景中的目标识别能力和抗干扰能力，抗过载能力超过 1.8 万 g，目标识别率超过 80%，在 120m 距离上能可靠识别、瞄准、起爆和命中装甲目标，达到了国外同类产品的先进水平。

2. 硬目标侵彻引信技术

制导弹药侵彻战斗部一般采用侵彻自适应引信和可编程计时/计层/空穴敏感起爆引信。

用于远程制导火箭弹侵彻战斗部的硬目标侵彻引信具有侵彻 4m 混凝土目标后起爆和侵彻多层混凝土目标计层起爆功能。战术地地导弹发展了可编程计时/计层/空穴敏感起爆的硬目标侵彻引信。采用了 MEMS 加速度传感器和信号处理模块识别侵彻过程的加速度特征进行起爆控制，可编程选择起爆模式和控制策略，能够准确进行计时、卸载、计层和空穴敏感起爆控制，适应的侵彻速度达到 850m/s，抗过载能力达到 5 万 g 以上。

多用途导弹和轻型多用途导弹的串联攻坚战斗部，前级战斗部采用高瞬发度机电引信，随进战斗部小型化电子延时引信，能够侵彻 1.2~1.5m 钢筋混凝土目标在靶后起爆，随进引信能够抗 10 万 g 的前级战斗部爆炸产生的冲击。

3. 制导弹药杀伤爆破战斗部引信技术

对地制导火箭 / 炸弹引信通过高精度无线电引信提升了压制弹药的毁伤效能。远程制导火箭杀爆弹、云爆弹发展了高可靠多路复合探测无线电近炸引信，采用多路复合探测大带宽连续波调频近炸引信技术以及模数混合信号处理和多路融合处理技术，提高了近炸精准性能和抗干扰能力。

末制导炮弹采用全保险型机电触发引信，具有全弹道保险功能，根据炮弹所对付的目标不同，可对引信进行惯性或延期装定。研制了具有自毁功能的第三代末制导炮弹引信，除具有惯性、延期作用方式外，引信增加了自带储备式电源，电保险系统采用冗余设计，提高了安全系统可靠性，并实现了在末制导炮弹飞行异常时的落地自毁。

为提升对空各类目标制导弹药的高效毁伤控制能力，地空导弹采用伪码调相脉冲多普勒无线电引信或多象限激光周视近炸引信。无线电引信采用频率捷变技术提高了抗有源干扰能力，研究了制导引信一体化技术，可实现信息共享，对高速、高空目标具有较好的打击能力。中近程防空导弹引信作用距离 15m，最低作战高度 6m，具有较好的超低空抗复杂地物地貌干扰性能。远程防空导弹引信作用距离可达 60m，作战高度 25~27000m。最新引信采用前向和侧向复合探测技术，与导引头进行信息交联，根据弹目交会信息、导引头信息实时计算目标距离与方位参数进行定向起爆控制。实现了引信在全空域、宽速域、大范围拦截多类目标，可以有效打击各类飞机、导弹目标和 TBM 目标。此外，采用低截获波形设计和空 / 时 / 频域信息融合处理及多通道捷变频、多门限恒虚警技术显著提高了引信的抗复杂电磁环境能力。多用途光纤制导导弹采用六象限激光近炸引信实现对直升机目标的探测识别，作用距离达到 10m。便携防空导弹采用激光近炸引信，对典型目标的作用距离不小于 3m。目前，已掌握了多象限连续光学视野探测体制，根据装定信息变换探测参数，可对歼击机、攻击巡航导弹和无人机等目标实现高效打击。

三、国内外发展对比分析

（一）反装甲战斗部技术

国外反装甲目标战斗部包括：海尔法、霍特、标枪、长钉、菊花、AT-4、DM43、LKEII 等，配备 EFP 战斗部的有 SMART、SADARM、BONUS、TOW-2B 等。发展的高效毁伤反装甲战斗部主要有大威力串联战斗部、动能穿甲战斗部和攻顶战斗部等，大威力串联式破甲战斗部目前穿深可达到 10~12 倍的装药口径。德国的 DM43 穿甲弹可在 2km 的有效射程上穿透 700mm 的均质装甲；美国 SADARM 末敏弹可在 1000 倍装药口径的距离内达到一倍装药口径穿深；俄罗斯多管火箭系统末敏弹形成的 EFP 在 30° 攻角时可穿透 70mm 厚的轧制均质装甲。此外，新型装药结构研究活跃。国内，对付坦克主装甲，装甲兵装备的 100mm 炮射导弹、105mm 破甲及炮射导弹、125mm 穿甲弹等；炮兵装备的先进红箭系列及自寻的反坦克导弹；陆航装备的系列反坦克导弹等以及各类对付顶装甲的炮射末敏弹、掠飞攻顶弹药、巡飞弹等和对付侧面装甲的 93mm、120mm 系列单兵反坦克破甲弹、单兵反坦克导弹等均采用了先进的聚能装药结构。综上所述，国内反装甲在射流破甲和动能穿甲威力上与国外基本处于同一个水平。

国内，EFP 战斗部技术主要应用于末敏弹领域，主要应用产品有 D08 火箭末敏弹、155mm、152mm、120mm 炮射末敏弹，150mm 末敏子弹等。国内 EFP 战斗部技术主要是就单个弹丸的 EFP 战斗部技术研究，目前该技术已比较成熟。国外 EFP 战斗部技术研究早于国内，已取得较好的成就，且已经开始研究 EFP 纵火战斗部以及可选择 EFP 战斗部等。就单个 EFP 战斗部威力来说，国内目前能够达到对均质装甲的穿深为 0.5~1.0 倍的装药直径，国外已经能够达到 1.25 以上的水平。综上所述，EFP 战斗部与国外先进水平相比仍有较大差距，侵彻威力还需进一步提高，杆式 EFP 大炸距下的飞行稳定性问题仍然突出，重金属材料的应用基础仍比较薄弱，上述问题制约 EFP 战斗部技术的发展。

从反装甲聚能战斗部技术来看，美国多功能聚能战斗部技术和大长径比爆炸成型弹丸（EFP）技术以及直列式多级串联 EFP 技术已成为重点研究内容，可有效避开主动装甲的攻击。串联战斗部已大量用于新型和改进型反坦克导弹中，如美国海尔法导弹战斗部质量 8~9kg，采取双锥聚能装药和触发引信。攻顶战斗部主要采用 EFP 和聚能破片技术，如美国的敏感器引爆可在目标上空 1000m 布撒若干子弹，在 1000 倍装药口径的距离达到 1 倍装药口径的穿深。此外，国外完成了铜射流对两个呈一定角度放置带壳装药的穿而不爆数值模拟与试验研究；国内完成了改性聚四氟乙烯射流对两个平行放置带壳装药的穿而不爆数值模拟和试验研究，同时，开展了小口径铜罩形成射流对反应装甲穿而不爆的数值模拟研究，与国外相比仍存在一定的差距。另外，国外还积极发展多模战斗部，战斗部可利用先进的探测和起爆技术根据目标的不同形成不同的毁伤模式。

（二）反硬目标攻坚战斗部技术

国外在反硬目标攻坚战斗部技术方面，一直全方面快速发展，并向多功能毁伤和打击超硬目标能力拓展。2014 年美国为改进型 Block4"战斧"巡航导弹研发的联合多效应战斗部系统（JMEWS），重 454kg 级，前级直径 610mm，高能炸药装药 230kg，在距离目标 1.83m 起爆，形成头部速度 10000m/s 的金属射流，可侵彻 11m 厚花岗岩或 6.1m 厚高强混凝土（86.8MPa）。美海军已完成实弹发射试验，预计 2019 年形成实战能力。目前，国内在这方面尚缺乏相应的原理、模拟和试验研究基础，与国外先进水平还存在不少差距。

国外采用先进数字化设计工具，新型战斗部结构设计原理和方法层出不穷，注重深侵彻战斗部的高效能和稳定性，利用分段式设计提高侵彻能力，通过异形头部设计防止跳弹或弹体变形，使侵彻壳体先行破裂减少主装药爆轰能量损失，注重聚能与杀伤效应结合等技术发展。目前，美军巨型战斗部 MOP 侵彻 68.9MPa 钢筋混凝土厚度达到 8m 以上，超高装填比侵爆战斗部技术，对混凝土目标侵彻深度可达 15m。国内研发重点仍是整体式动能侵彻战斗部，新型结构设计思想相对缺乏和滞后；国内制导兵器深侵彻侵爆战斗部技术，已可实现有效贯穿 7m 厚 C40 钢筋混凝土靶，与国外侵彻 15m 以上坚固目标仍存显著差距。主要原因在于：反深层目标战斗部侵彻过程弹道偏转与失稳问题有待进一步突破；反深层目标战斗部炸药装药安定性不足、威力亟待提高；新型武器平台异型战斗部设计理论和方法缺乏。此外，国内尚无装填二代不敏感高能炸药的深侵彻战斗部，爆破威力不足。

在新概念侵爆战斗部技术方面，美国提出了"集束装药"（cluster charge）主动深侵彻技术，在装药量相同条件下，爆破岩石 / 混凝土容积可达单聚能装药的 60 倍。美军利用主动侵彻技术，演示验证了深掘进武器系统，具备一举穿透 50m 厚钢筋混凝土的能力，已具备了装备工程研制条件，国内在该方面尚处于概念验证和先期技术攻关阶段。

（三）杀伤爆破战斗部技术

在高能钝感炸药应用方面，主战装备性能与国外形成"代差"。美国第二代含能材料基炸药已普遍应用，以第三代含能材料基炸药正在往杀爆战斗部上推广应用。相比之下，我军现役大口径精确制导榴弹、火箭弹等弹药配杀爆战斗部，目前仍普遍装填能量较低的第一代含能材料基炸药。第二代含能材料工业化制造和装备应用关键技术虽已突破，但仍存在品质差、成本高、种类少、规格不全等问题，特别是高成本和安全性问题成为制约杀爆战斗部广泛应用的主要障碍。三代含能材料六硝基六氮杂异伍兹烷（$C_6H_6N_{12}O_{12}$，简称 CL-20）、3，4- 二硝基呋喃基氧化呋喃（DNTF）等尚处于中试放大阶段，相关武器化应用关键技术有待突破。另外，CL-20 炸药成本居高不下，直接影响了 CL-20 基炸药在杀爆战斗部上的推广应用。综上所述，高能炸药成本高、产量低，致使我军现役杀爆战斗部威力普遍比国外同类产品低 30% 以上。

此外，云爆、温压等非理想炸药爆轰反应机理与反应动力学、环境匹配及目标耦合关系、能量输出规律与控制方法等共性基础问题掌握不足，还需不断深化研究；云爆、温压等非理想炸药装药爆轰、能量输出与转化、爆炸冲击波场特征以及与目标相互作用规律等毁伤基础问题缺乏系统深入研究。国外通过大量扎实的基础研究推动温压弹药至今已经发展到了第三代，第三代温压弹药试图克服二次起爆造成的起爆成功率低、环境影响大的局限，发展和研制了一次起爆温压弹药，典型产品如什米尔 2，实现了温压弹药结构和应用技术简化，可应用于多种武器平台，拓宽了应用范围，增强了自身生存能力，降低了弹药费效比。俄制 ODAB-500PM 重型云爆弹，直径 50cm，长度 2.28m，重 0.5t，在传统云爆弹基础上，燃料中注入大量可燃金属粉末（如镁、铝等），这些金属粉末在爆炸时产生大量热能高温，高温瞬间稀释氧气，金属粉末瞬间扩散使电子设备随即瘫痪。国内虽研制出了多种温压炸药和一次起爆战斗部，但高爆炸威力、抗更高发射过载和环境适应性问题仍有待进一步解决。温压炸药与战斗部壳体匹配性、环境适应性、尺寸效应、装药工艺、安全性、长贮性能等研究相对薄弱，限制了高能温压、云爆炸药在工程型号中推广应用。尤其是身管发射弹药，主装药依然为 TNT 和 B 炸药或改性 B 炸药。TNT 炸药因自身固有的缺陷，使得熔铸炸药渗油、脆性、感度高、毒性大等问题无法得到根本性的改善，致使杀爆战斗部始终不能达到不敏感弹药标准，在运输和使用过程中存在严重安全隐患，全寿命周期维护成本较高。

复杂战场环境、新战场目标和新型作战平台对杀爆战斗部毁伤模式和威力提出了新需求。国内在新型杀爆战斗部结构设计技术，破片群定向爆炸驱动与控制技术、毁伤效果测试评估技术等方面，仍相对薄弱。主要表现为：破片群定向爆炸驱动效果不够显著，破片种类单一，适应目标方位的破片增益技术薄弱，智能化水平不足，引战配合效率低，破片密度和速度增益与国外差距较大，威力增益有限；针对不同目标，冲击波和破片毁伤准则缺乏统一规范标准，动态毁伤、复合毁伤以及温压、云爆等新型毁伤效应缺乏有效的测试评价方法，没有形成标准，研究成果只能在局部范围内应用，难以推广。新型炸药及先进战斗部设计技术的基础研究薄弱，对杀爆战斗部毁伤技术创新和发展造成严重影响，新型杀爆战斗部难以成体系化发展。

（四）新概念战斗部技术

国外以探索战场恶劣环境下多种智能体之间的组网与协同作战毁伤机理为目标，通过研究生物群体在运动中动态信息交流、组织与分工、竞争与协同等工作机理，开展未来战场仿生弹药的自组网与协同的探索性基础研究。对于包括地域、空域、水域、多栖仿生弹药分别采用的微毁伤 / 低附带毁伤和生物毁伤技术，主要包括：含能材料微毁伤技术（含微型高能爆轰毁伤、微型定向切割毁伤、微型电磁毁伤、微型云爆毁伤等）、有效载荷小型化、微小型有效载荷模块化设计、生物毁伤等技术。

国外在威力可控战斗部技术方面研究较早，德国 TDW 公司推出一种战斗部性能可调的创新型战斗部技术，该类战斗部技术是指能产生摧毁目标所需的"恰当"毁伤效应、多种毁伤元或可选择毁伤威力的技术。美国空军研究实验室正在研究毁伤效应可选择战斗部，通过起爆点控制能量输出技术也已应用于 MK80 系列炸弹中。英国奎奈蒂克公司正在研发采用中心高能炸药层、中间衰减层和外部含铝炸药层的三层炸药结构的可调整战斗部，以实现武器弹药终端毁伤威力的可控，提高精确打击能力，降低附带毁伤。国内对威力可控战斗部刚刚开始系统研究，处于技术攻关阶段，关键技术正在逐步突破。

2012 年，美国海军水面武器作战中心发布研究成功了具有类钢密度和类铝强度的高强度结构活性材料，力图替代现役各类常规硬毁伤弹药战斗部的重金属毁伤元材料。但是不同类型弹药战斗部终点作用原理和毁伤目标方式的显著不同，决定了高强度活性材料工程化应用技术难度和毁伤增强能力两个方面都存在很大的不同。小口径活性穿爆燃毁伤增强多用途战斗部技术研发，关键在于如何突破基本不减弱穿甲 / 侵彻能力的前提下，显著发挥活性材料的爆燃毁伤效应，实现综合毁伤能力的大幅度提升。美国、俄罗斯等国已研制成功车载主动防御系统和末端防御系统用活性穿爆燃毁伤增强弹药，形成了新的装备和作战能力。我国类似弹药研发关键技术也已取得突破，技术拓展应用正在全面开展中，技术水平与国外相当甚至更先进。

中大口径自分布后效毁伤战斗部技术研发方面，国外未见有实质性相关研究报道，我国研究工作处于创新前沿地位。核心关键技术已取得重要突破，82mm、105mm、125mm全尺寸（全口径、次口径）弹药已完成对 8 层大间隔模拟舰船目标动态终点效应试验，实现了自分布后效毁伤优势，突破了自分布后效毁伤战斗部研制的关键技术。

国外在低附带毁伤战斗部技术研究方面起爆较早，美国已经研发了多型低附带毁伤战斗部，如 LCD-HE、LCDB、SDBIFLM 等，以色列也研发了 LIW 三种装备型号，由此所衍生出的技术拓展新应用仍在不断发展中。国内相关研究起步较晚，在借鉴和吸收国外技术成果的基础上，技术原理已掌握，技术攻关已取得显著研究进展，但距离工程型号研制和装备应用，关键技术尚有待进一步突破。

反电力系统闪络毁伤战斗部技术，作为导电纤维战斗部技术的一种拓展创新，未见国外有相关研究成果报道。与现役导电纤维战斗部相比，在战术使用和作战效能方面系统性评估有待开展。

（五）引信技术

1. 引信安全控制技术

在引信安全控制技术方面，美国 2017 年颁布美军标 MIL-STD-1316F《引信安全性设计准则》。从美军标 MIL-STD-1316《引信安全性设计准则》的发展可以追寻引信安全控制技术的发展脉络。美国已强制要求采用双环境保险的隔离机构隔离敏感火工品和明确的炮口延期解除保险要求，实现了发射平台安全距离以内的安全性，并明确了勤务处理及发射周期各阶段的安全失效率要求，实现了防区内的安全性。1316E 提出了不敏感引信、任务中止等新要求，实现了引信在全弹道安全性。1316F 提出了对未爆弹的自失效、自保险、安全拆除要求，并且开始引入高价值引信安全授权，实现了引信全寿命周期的安全性控制和管理，另外对引信在强电磁环境下的安全性提出了明确要求。

对应于美军标 MIL-STD-1316，我国分别于 1987 年、1997 年颁布了 GJB373 和 GJB373A《引信安全设计准则》，解决了我国引信勤务处理、发射过程与炮口分离距离内的安全性。新修订的国军标 373B-2019《引信安全性设计准则》，对我国引信安全性设计和试验方法提出了更高要求，特别是对电子直列安全系统、引信不敏感特性、全弹道安全性和引信的作战后安全性等提出了新的高标准要求。

但是我国引信的安全控制技术与国外先进水平仍存在较大差距。美国要求 1998 年后定型的导弹引信全部采用了电子安全系统；并且，随着小型化、低成本、抗高过载技术的突破，美国已经将全电子安全系统逐步应用于火箭弹、航空炸弹甚至迫弹和榴弹，抗过载能力达到 8 万 g，体积小于 $2cm^3$。我国自 2005 年装备第一个电子安全系统型号起，导弹引信电子安全系统日趋成熟，我国已经加强了导弹引信电子安全系统大面积推广应用，但在电子安全系统小型化和抗高过载技术方面与美军存在较大差距。

国外对微机电安全系统技术进行了大量研究工作。美国单兵综合作战系统的 20mm 枪榴弹引信采用了微机电安全系统，具有计转数空炸、碰撞和入窗炸功能，极大提高了对地面人员的杀伤能力。国外发展了硅基 MEMS 安全系统与非硅 MEMS 安全系统。硅基 MEMS 安全系统加工工艺一般采用 DRIE 或者 SOI 工艺，可以与微电子一体化加工，具有集成化程度高等特点。非硅 MEMS 安全系统加工工艺一般采用 LIGA 或者 UV-LIGA 工艺，制造成本较低，可制造较大深宽比结构，但由于不能一体化加工，需通过微装配完成最终环节，基于机器视觉的自动微装配系统已广泛应用于 MEMS 安全系统及引信的自动化装配，形成完备的 MEMS 安全系统设计、生产和装配体系。国内微机电安全系统研究起步较晚，研究了 UV-LIGA 工艺的非硅 MEMS 安全系统样机，并在小口径弹药上进行了相关演示试验。国内也开展了硅基 MEMS 安全系统技术研究，但关键技术尚未突破。

美国 2007 年启动了联合不敏感弹药技术项目（JIMTP），并已于 2012 年完成了 124 种弹药部分部件的不敏感化改进，新研制的相关引信均要求满足不敏感弹药要求。目前，国内已经开始重视不敏感弹药的研究工作，在不敏感炸药的研制方面已经取得了重大突破。但是不敏感引信研究仍处于起步阶段，我国参照不敏感弹药的相关要求对不敏感引信的基本原理进行了探索研究，在相关设计与试验规范、评价体系等方面尚属空白，大大落后于弹药行业的研究水平。

对比国内外引信安全性控制技术现状，我国的主要差距表现在引信安全性设计、试验标准相对落后，引信安全性基础理论欠缺，核心器件水平较低，电子安全系统的小型化存在差距，不敏感引信设计方法缺乏。

总体而言，发达国家引信安全性控制已经扩展到全寿命周期，正在向全域安全控制方向发展。而我国引信安全性只满足了勤务处理、发射和炮口安全距离以内的安全性，正在向全弹道和全寿命周期安全发展。

2. 引信毁伤控制与抗干扰技术

国外反坦克导弹串联战斗部均采用高安全、高可靠的高瞬发度直列式电子引信。国内反坦克导弹采用的是高瞬发度机电引信，在全弹道安全性和杜绝危险哑弹方面差距明显。末敏弹采用 3mm/8mm 主动毫米波实时测高、被动毫米波与红外简易成像复合探测识别装甲目标，具有很高的目标识别能力和精确瞄准起爆控制能力。瑞典 155mm 火炮投送的 BONUS 末敏子弹使用激光/红外复合探测，能适应硬风翼式末敏弹每秒 20 余转的转速。国内虽然实现了激光连续测高，毫米波/红外复合探测，但在采用红外简易成像探测技术进一步提高目标识别能力和适应高转速方面存在较大差距。国外掠飞击顶反坦克导弹，如美国的"陶-2B"和轻型"掠夺者"用激光-磁复合引信，采用连续测距形成目标一维距离像，实现外形识别与定位，国内尚没有发展掠飞击顶反坦克导弹引信。

国外制导弹药动能侵彻战斗部均配备了可编程计时/计层/空穴敏感起爆硬目标灵巧引信。如美军装备的 FMU-159 和 FMU-167/B 硬目标灵巧引信，具有可编程装定计时、计层、空穴敏感、计侵深起爆功能。德国发展了可编程智能化多用途引信 PIMPF，全部采用能抗高过载的直列式电子安全系统。我国的战术地地导弹和远程制导火箭也发展了可编程计时/计层/空穴敏感起爆引信，但在超高速侵彻高强度目标的可靠性、炸点控制准确性、直列式电子安全系统的抗高过载能力等方面与国外仍存在较大差距。

国外末制导炮弹引信可通过炮弹导引头光学系统对目标探测跟踪与测距技术结合，控制引信适时起爆战斗部，国内仅采用独立设计的机电触发引信。国外打击地海面杀爆战斗部引信重点向多选择引信发展，采用更高频段的单片微波集成、全数字化信号处理、强抗干扰能力发展，炸点控制精度已达到米级。远程精确打击弹药向高精度开舱，带有三自功能的近炸子弹引信，可以打击人员和轻型装甲目标。引信毁伤控制技术水平已经从精确起爆范围控制发展到最佳炸点控制。国内没有发展多选择引信，对地打击引信在精确定高起爆和最佳炸点控制能力方面存在较大差距。国外多用途弹药发展了多模战斗部，配用多功能引信，可以根据目标类型自主选择毁伤模式，提高了弹药的通用型和毁伤效能，国内还没有发展多模战斗部引信。

先进的防空导弹采用配直列式电子安全系统的相控阵微波和多象限激光近炸引信，能够适应超高速交会。与制导系统一体化设计的前向测距/侧向测角的相控阵微波引信具备超高速交会过程中在最佳起爆区起爆和进行定向起爆控制，实现最佳引战配合。国外新发展的超窄脉冲激光引信的发射脉宽为 1ns，极大提高了抗云雾性能。我国防空导弹引信在与制导系统一体化设计、超窄脉冲激光发射与接收技术、定向起爆控制、最佳引战配合等方面较国外仍存在一定的差距。

美军已经把引信的电磁防护能量和电子对抗能力提高到一个非常高的高度，从 20 世纪 90 年代的"强电子对抗能力"定性要求发展到 21 世纪初的"抗干扰能力提高 100 倍"的量化要求；进入 21 世纪后，又提出了"绝对的电子对抗安全"的电磁防护能力和电子对抗能力的极高要求。国外无线电近炸引信采用单片微波集成电路和基于大规模集成电路的数字信号处理器，已经解决了无线电引信对抗第三、四代干扰机信息型干扰技术。美国对引信的抗强电磁辐射干扰有明确的要求。我国引信的抗信息型干扰和强电磁辐射干扰能力均存在较大差距。

四、发展趋势与对策

（一）反装甲战斗部技术

格栅装甲、反应装甲和主动防护系统等先进装甲防护技术的不断发展对反装甲战斗部提出了更高的技术要求，未来研发的装填二代高能不敏感炸药的破甲战斗部，探索的活性药型罩及 3D 打印药型罩与第三代高能不敏感炸药的匹配应用技术，发展的基于新型材料的高速动能穿甲战斗部技术，是有效对付和高效毁伤先进主战坦克的主要对策，其的主要发展趋势如下：

1. 聚能战斗部抗高过载高能炸药技术

抗高过载是炮射弹药最基本的技术性能要求，高能量密度、高爆压炸药是提高聚能战斗部威力最直接而有效的途径之一。六硝基六氮杂异伍兹烷（$C_6H_6N_{12}O_{12}$，简称 CL-20）炸药是迄今为止能量密度最高的含能材料，主要用于取代 HMX，提高聚能战斗部威力。与 HMX 基和 RDX 基炸药相比，CL-20 基炸药具有密度高、爆速高、爆压高等优势，爆炸能量比 HMX 高 10% 左右。CL-20 基炸药在破甲战斗部上应用和威力验证表明，在有效炸高范围内，CL-20 基聚能装药射流断裂时间和侵彻能力均优于 RDX 基和 HMX 基聚能装药，侵彻能力比 HMX 基聚能装药约提高 10%。研制 CL-20 基压装炸药和注装炸药配方，建立装药起爆阈值和当量评估方法以及过载性能预估模型，突破 CL-20 基炸药高钝感及其在聚能战斗部上应用技术，成为该技术方向的重要发展趋势。

2. 活性药型罩战斗部技术

活性材料是一类兼备"强度"和"爆炸"双重性能优势的新型毁伤材料。采用活性材料药型罩技术，通过装药爆炸形成具有二次爆炸能力的活性射流或 EFP 毁伤元，一举穿透目标防护层后进入目标内部爆炸，释放出大量的化学能，对目标内部技术装备和人员造成全域毁伤。已有全尺寸和缩比试验均表明，活性药型罩聚能战斗部用于打击轻中型装甲、舰艇、机场跑道、钢筋混凝土工事等目标，结构爆裂和后效毁伤增强优势显著。因此，活性药型罩聚能战斗部技术，已成为大幅度提升聚能毁伤武器威力的重要途径。突破活性药型罩在聚能战斗部上的应用关键技术，增强毁伤适应能力，成为该技术方向的重要发展趋势。

3. 多 EFP/ 射流战斗部技术

炸药装药、药型罩材料及结构是影响聚能战斗部威力发挥的三大因素。MEFP 战斗部通过形成多个 EFP，并按特定飞散方向分布在一定空间内，对地面集群装甲目标、空中装甲目标等实施大密度攻击和大面积毁伤，显著提高命中概率和毁伤效能。针对 MEFP 战斗部技术，国内外已开展了大量的研究，包括药型罩材料及结构、装药结构、起爆方式等因素，对 MEFP 成型行为、飞行稳定性、侵彻能力及毁伤效能等影响。MEFP 战斗部结构类型多样，如轴向变形罩式、轴向组合式、周向组合式、网栅切割式等。美军已将聚能装药技术应用于防空反导，有代表性的是美军阵列式多管 M40 自行火炮通过发射破甲弹实施空中拦截。试验表明，82mm 聚能战斗部具备垂直穿透并一举引爆带有 210mm 和 255mm厚钢盖板 PBX 炸药的能力。阵列式聚能战斗部技术利用聚能射流的大穿深能力和密集射流拦截高成功率，实现对钻地侵彻弹等大壁厚空中目标的高效拦截，使来袭弹药战斗部空中解体或引爆。采用多药型罩聚能战斗部技术，提升区域毁伤能力，成为该技术方向的重要发展趋势。未来，3D 增材制造技术的发展为多 EFP 战斗部结构的设计及加工提供了基础，其与三代高能不敏感炸药匹配应用技术必然会推动多 EFP/ 射流战斗部技术的快速发展。

（二）反硬目标攻坚战斗部技术

深层坚固目标具有多层、深埋、遮弹、偏航等防护性能，特别是遮弹、偏航等技术的应用，通过分散冲击载荷、消减侵入深度和耗散弹体能量与冲量等手段，有效对抗深侵彻武器的攻击。反坚固目标攻坚战斗部迫切需要发展更先进的侵彻理念、设计方法及技术，其技术的主要发展趋势如下：

1. 复合功能、多用途、多模式侵爆战斗部技术

新型目标不断出现，目标防护能力不断增强，单一形式战斗部已难以满足应用和高实战毁伤能力的需要。复合功能型侵爆战斗部技术成为重要发展方向，最大限度地发挥对坚固目标的侵彻深度和毁伤能力。多模战斗部根据目标类型和特点，通过形成不同毁伤元实施目标毁伤，提升了战斗部的模块化、系列化和通用化水平，根据战场需要形成不同的毁伤能力，达到高效毁伤多种类目标的打击能力。

2. 超高速、高威力侵彻战斗部技术

目前，钻地战斗部装备着速一般在 1000m/s 左右，美国正在研制由 F-22 和 F-35 战斗机携带、飞行速度达 6Ma 以上的高超声速钻地弹，着速预计可达 1800m/s，着速高达 2000~2400m/s 钻地弹也在加紧研制，具备一举摧毁地下深埋发射井中弹道导弹的能力。

战斗部高威力化和小型化技术，是提高远程打击毁伤能力的重要途径。美国空军装备下一代侵彻弹药，威力有望与 13600kg 级 GBU-57A/B 巨型钻地弹相当，体积和重量却与 2270kg 级 GBU-28 激光制导钻地炸弹相当，尺寸只有 GBU-57A/B 的三分之一。

3. 新机理侵彻战斗部技术

随着材料技术、平台技术、毁伤技术等快速发展，国外军事强国在新型攻坚战斗部技术研发领域取得重要突破。例如：活性壳体战斗部技术，利用战斗部装药爆轰的同时释放出化学能，显著提高战斗部的威力；碳纤维复合材料战斗部技术，利用碳纤维复合材料高强度、高耐热性、比重小等特点，为小型化动能侵彻战斗部技术研发提供了新的可能。综上，通过不断探索新毁伤机理、采用新材料等技术途径，大幅度提高战斗部的侵彻能力和

内爆威力,实现对硬目标的高效打击和毁伤。

(三)杀伤爆破战斗部技术

对高价值目标实施高效面打击,是未来新信息化战争条件下杀爆战斗部的主要任务,基于多类破片耦合排布、数字化设计和高效引战配合技术,实现全含能第二代高能不敏感装药反高价值面目标杀爆战斗部的应用,探索毁伤元全定向与威力可调智能战斗部技术是未来的主要对策,其技术的主要发展趋势如下:

1. 含能壳体杀爆战斗部技术

为提高杀爆战斗部毁伤威力,一般采用提高炸药装填量(增大装填系数)来实现,由于受各种使用条件、环境要求的影响,装填比存在一定的极限,毁伤能量难以继续提高。绝对能量的提高是实现战斗部威力提升的重要技术基础,在确保发射安全性的条件下,采用含能材料壳体结构,在战斗部装药爆炸作用下破碎形成活性杀伤破片,在一定条件下可引发类爆轰化学反应,遭遇目标时发生爆炸或燃烧,额外释放出大量的化学能,实现战斗部综合毁伤效能的提高。

2. 新装药、新结构及破片飞散精确控制技术

杀爆战斗部主要通过破片和冲击波效应毁伤目标,高能、钝感和低成本炸药是杀爆战斗部发展的重要技术基础。杀爆战斗部战场用量大,大当量杀爆战斗部与制导兵器结合可实现对点、面目标的精确打击。发展低成本钝感高能炸药大当量、低应力装药技术,可有效提升制导兵器杀爆战斗部能量水平,是杀爆战斗部发展的技术关键。

杀爆战斗部爆炸产生的破片群能量高,杀伤距离较冲击波远,是面毁伤威力构成的关键。目前,杀爆战斗部多为轴对称体,破片飞散均匀,但利用率低。非对称结构高超音速制导弹药,面临装配异型结构杀爆战斗部的现实需求,异型结构杀爆战斗部的破片非均匀飞散特性,提高了破片空间分布密度,且破片飞散速度周向非均匀,需通过合理排布破片和控制起爆模式,来提升杀爆战斗部的毁伤效能。

此外,网络起爆技术的发展使破片群飞散控制成为可能,但要实现破片群完全飞向打击目标仍存在很大的技术难度;进一步发展小型化智能起爆网络,实现对破片飞散方向的精确控制,在目标方向提高破片数量和速度增益,有望使杀爆战斗部毁伤效能获得提高。

3. 杀爆战斗部数字化智能设计技术

杀爆战斗部数字化智能设计技术,是解决杀爆战斗部多参量耦合优化和威力提升的重要途径。特别是对于聚焦、定向等需精确控制破片飞散的杀爆战斗部设计,同时还需考虑起爆模式和引战配合等诸多因素,具有相当的复杂性;此外,随着制导兵器升级换代发展周期的缩短,对杀爆战斗部设计提出了更高的时效性要求,传统的"画加打"的设计方法,已难以满足先进战斗部设计复杂性和时效性的需要,数字智能一体化设计技术,成为先进杀爆战斗部研发的重要支撑。

（四）新概念战斗部技术

网络化、信息化作战趋势下，协同毁伤、可控毁伤、低附带毁伤及对电磁目标的软毁伤等是制导兵器毁伤技术新的发展趋势，通过新材料的应用、新技术的创新实现穿爆燃毁伤增强、自分布后效毁伤等技术的应用，探索多智能体组网协同毁伤技术是未来的主要对策，其技术的主要发展趋势如下：

1. 多智能体组网协同毁伤技术

以大数据技术、云计算技术、人工智能技术为基础，规划协同毁伤实现武器系统效能最大化；根据协同毁伤规划要求，通过跨域动态组网与高抗毁通信技术手段，突破弹药协同突防、协同制导、协同毁伤评估等技术，实现武器系统整体赋能。

2. 威力可控战斗部技术

战斗部毁伤模式选择、能量释放及毁伤元形成、毁伤效应调控等，是未来威力可控战斗部技术主要发展方向。在某些交战规则苛刻的地区，如打击城区内的目标或想距友军较近的区域提供火力支援，对明确目标进行恰到好处的打击，使威力可控技术能够应用于高精度、可控弹药及微小型弹药等三军下一代弹药。

3. 活性穿爆燃毁伤增强多用途战斗部技术

活性穿爆燃毁伤增强多用途战斗部技术，集动能毁伤、爆炸化学能毁伤、燃烧热蚀毁伤等多种效应于一体，展现了更强的多种类目标打击和综合毁伤能力。技术推广应用于新型防空反导、攻坚破障、低附带毁伤等弹药战斗部成为主要发展趋势。

4. 自分布后效毁伤战斗部技术

自分布后效毁伤战斗部技术，通过巧妙战斗部结构设计，实现传统高爆战斗部能量"单点"释放转换为沿侵彻弹道"多点线"释放。技术应用于中大口径高速侵爆战斗部，显著发挥高效多域毁伤优势，成为反大中型舰船、钢筋混凝土建筑物等目标的重要打击手段。

5. 低附带毁伤战斗部技术

精确制导低附带毁伤弹药技术，是未来常规武器实施"外科手术"式精确打击和精准毁伤的核心技术支撑。如美国空军小直径炸弹、"杰达姆"激光制导炸弹等，采用导电纤维壳体和重金属粉末做"衬层"战斗部技术，以色列研发成功的低强度 MK80 改型炸弹，通过调整装药量多少，以满足城区环境低附带毁伤作战需求，具备了实战能力。

（五）引信技术

高安全高可靠、强对抗能力、信息化和智能化毁伤控制能力是现代引信技术的发展方向，面向未来复杂电磁环境以及精确毁伤控制和高可靠性要求，引信技术的主要发展趋势如下：

1. 引信全域安全控制技术

从最新的美军标 MIL-STD-1316F《引信安全性设计准则》要求来看，国外引信的安全控制技术正在向全寿命周期安全和全域安全控制方向发展。除了引信采用双环境冗余保险确保引信勤务处理、发射安全和到目标区解除隔离全弹道安全，还强调了引信具有自毁 / 自失效 / 自失能或恢复保险等安全处理功能和任务中止功能，及引信的不敏感化要求。全域安全监控和授权安全管理功能是进一步提高引信安全性的重要发展方向。高安全高可靠的直列式电子安全系统和采用微机电技术的多路冗余小型微机电安全系统是发展重点。

2. 反装甲导弹复合引信技术

反坦克导弹毁伤效能受到先进的第四、五代反应装甲防护技术和主动防护技术的严峻挑战。采用前向大炸高激光 / 毫米波 / 磁复合精确定距近炸引信和串联战斗部是对抗先进反应装甲防护的有效途径。减低后级破甲战斗部对炸高影响的敏感度是实现反先进反应装甲的重要措施。研究具有干扰主动防护系统探测定位功能的引信是对付主动防护技术的有效方法。发展新一代复合化成像探测识别技术是实现末敏弹和掠飞攻顶反坦克导弹的重要方向。

3. 硬目标侵彻引信技术

发展基于微机电技术的嵌入式侵彻引信系统是进一步提高侵彻引信抗特高过载能力和适应超高速侵彻高强度目标的重要方向。深侵彻弹引信的一个重要发展趋势是与指控系统的信息交联，将碰地及侵入地下一定深度起爆前瞬间将起爆信号发出并通过链路传回指挥系统，实现毁伤效果评估。

4. 精准毁伤控制引信技术

对地精确打击近炸引信重点发展 X/K/Ku 波段的单片微波集成大带宽复杂调制调频探测技术、复合体制探测技术和射频超宽带探测技术，采用全数字化信号处理，炸点控制精度已达到亚米级，具有很强的抗干扰能力。远程精确打击弹药向高精度开舱，带有三自功能的近炸子弹引信，可以打击人员和轻型装甲目标。

对空复合探测引信已成为发展的热点，引信的调制波形已由单一简单调制波形向多种复合调制发展，已经出现主 / 被动复合、微波与红外、毫米波与激光复合等引信。针对反高超声速目标要求，美国 DAPPA 和空军实验室已分别开展"亚毫米波焦平面成像技术"和"亚毫米波成像引信技术"研究，利用亚毫米波段在较小的天线孔径及硬件条件下即具有极高的角度分辨率、速度分辨率和距离分辨率的优势，通过前视成像引信精确探测技术结合太赫兹探测技术解决反高超声速目标的引信技术问题。英国和瑞典正在研究激光三维主动成像探测技术，达到在复杂背景中检测目标、优化引战配合的目的。

5. 引信信息交联技术

引信信息化水平主要指引信与火控、指挥、卫星、网络等平台的信息交联能力和引信系统之间的信息交联、共享与协同能力。引信充分利用火控系统信息能够极大提高武器系统的毁伤效能。攻击型无人机的引信系统间的信息交联与协同控制，可以形成侦察网络，支持无人机群协同作战。高速反导导弹引信充分利用制导系统提供的目标方位信息对目标进行识别与交会参数估计，实现最佳引战配合。远程制导火箭弹引信利用制导信息，可以使引信解除保险延迟到接近目标，可大幅度提高导弹安全性、抗干扰能力。引信接收卫星导航信息精确测量和计算飞行弹道，可以支持定点开舱和近炸引信闭锁抗干扰。引信根据飞行弹道辨识修正末端弹道，减小命中误差，提高传统无控弹药的命中精度。引信已经成为武器系统网络的重要节点或终端，未来引信的战场侦察、炸点反馈功能将作为战场侦、指、打、评、测一体化闭合火力环的重要节点，成为武器系统的一体化作战能力重要组成部分。

我国必须加快发展引信的小型化直列式电子安全系统和微机电安全系统技术、超窄脉冲激光 / 毫米波 / 太赫兹新体制新波段复合化精确探测技术，红外成像探测、激光三维成像探测和毫米波 / 太赫兹成像探测识别技术，先进的数字化信号处理技术，新型定向战斗部与多模战斗部起爆控制技术等引信关键技术，确保我国引信技术跟上世界先进水平发展步伐。

参考文献

［1］ 王利侠, 谷鸿平, 丁刚, 等. 聚能射流对带壳浇注 PBX 装药的撞击响应［J］. 含能材料, 2015, 23（11）: 1067-1072.

［2］ 胡焕性. 聚能串联战斗部装药设计中延迟时间隔时间的选择［J］. 火炸药学报, 2003, 26（1）: 1-4.

［3］ 张彤, 阳世清, 徐松林, 等. 串联战斗部的技术特点及发展趋势［J］. 飞航导弹, 2006（10）: 51-54.

［4］ 潘建, 张先锋, 何勇, 等. 带隔板装药爆轰波马和反射理论研究和数值模拟［J］. 爆炸与冲击, 2016, 36（4）: 449-456.

［5］ 梁争峰, 胡焕性. 爆炸成形弹丸技术现状与发展［J］. 火炸药学报, 2004, 27（4）: 21-25.

［6］ 高晓军, 徐宏, 郭志俊, 等. 爆炸成形弹丸药型罩材料的现状和趋势［J］. 兵器材料科学与工程, 2007, 30（2）: 85-88.

［7］ 尹建平. 多爆炸成型弹丸战斗部技术［M］. 北京: 国防工业出版社, 2012.

［8］ Jian Pan, Xian-feng Zhang, Yong He, et al. Theoretical and Experimental Study on Detonation Wave Propagation in Cylindrical High Explosive Charges with a Wave-shaper［J］. Center European Journal of Energetic Materials, 2016, 13（3）: 658-676.

［9］ 李成兵, 沈兆武, 斐明敬. 高速杆式射弹丸初步研究［J］. 含能材料, 2007（3）: 248-252.

［10］ 郭美芳, 范宁军. 多模式战斗部与起爆技术分析研究［J］. 探测与控制学报, 2005, 27（1）: 31-34.

［11］ 孙建, 谷鸿平, 王利侠. 多模式聚能破甲战斗部技术研究［J］. 弹箭与制导学报, 2012, 32（5）: 67-70.

［12］ 王利侠, 袁宝慧, 孙兴昀, 等. 破甲 / 杀伤多用途战斗部结构设计及试验研究［J］. 火炸药学报, 2016, 35（2）: 75-79.

［13］ 范斌, 王志军, 王辉. 多爆炸成形弹丸成型过程的数值模拟［J］. 弹箭与制导学报, 2010, 30（1）:

124–126.

[14] 尹建平，姚志华，王志军. 药型罩参数对周向 MEFP 成型的影响 [J]. 火炸药学报，2011，34（6）：53–57.

[15] 史云鹏，袁宝慧，梁争峰，等. 线形 EFP 药型罩设计 [J]. 火炸药学报，2007，30（3）：37–40.

[16] 王晓峰. 军用混合炸药的发展趋势 [J]. 火炸药学报，2011，34（4）：1–4.

[17] 郭美芳，李宝锋，柏席峰，等. 国外弹药战斗部与毁伤技术最新进展 [C] // 第十四届全国战斗部与毁伤技术学术交流会论文集，重庆，2015.

[18] 马田，李鹏飞，周涛，等. 钻地弹动能侵彻战斗部技术研究综述 [C] // 第十五届全国战斗部与毁伤技术学术交流会论文集，北京，2017.

[19] 李宝锋，陈永新，郭美芳，等. 国外高效毁伤战斗部技术发展近况 [C] // 第十五届全国战斗部与毁伤技术学术交流会论文集，北京，2017.

[20] 武海军，张爽，黄风雷. 钢筋混凝土靶的侵彻与贯穿研究进展 [J]. 兵工学报，2018，39（1）：182–191.

[21] 孙其然，李芮宇，赵亚运. HJC 模型模拟钢筋混凝土侵彻实验的参数研究 [J]. 工程力学，2016，33（8）：245–256.

[22] 曦玉席，文鹤鸣. 平头弹丸正撞下钢筋混凝土靶板厚度方向的开裂 [J]. 爆炸与冲击，2017，37（2）：269–273.

[23] 黄民荣，顾晓辉，高永宏. 基于 Grimth 强度理论的空腔膨胀模型与应用研究 [J]. 力学与实践，2009，31（5）：30–34.

[24] 刘志林，孙巍巍，王晓鸣. 卵形弹丸垂直侵彻钢筋混凝土靶的工程解析模型 [J]. 弹道学报，2015，27（3）：84–90.

[25] 汪斌，曹仁义，谭多望. 大质量高速动能弹侵彻钢筋混凝土的实验研究 [J]. 爆炸与冲击，2013，33（1）：98–102.

[26] 任辉启，穆朝民，刘瑞朝. 精确制导武器侵彻效应与工程防护 [M]. 北京：科学出版社，2016.

[27] 李争，刘元雪，张裕. 动能弹侵彻机理及其防护研究进展 [J]. 兵器装备工程学报，2016，37（3）：9–14.

[28] 吴普磊，李鹏飞. 攻角对弹体斜侵彻多层混凝土靶弹道偏转影响的数值模拟及试验验证 [J]. 火炸药学报，2018，41（2）：104–109.

[29] 吴普磊，李鹏飞，杨磊. 长径比对侵彻阻力的影响 [J]. 高压物理学报，2018，32（2）：1–4.

[30] 于雪泳，朱清洁. 美军钻地弹的发展使用及其防御技术综述 [J]. 飞航导弹，2012（11）：56–58.

[31] 张立杰，梁增友，马林. 钻地弹战斗部技术特点及发展趋势 [J]. 机械，2012（4）：1–5.

[32] 周栋. 某型动能侵彻战斗部典型头部形状对侵彻性能影响 [J]. 战术导弹技术，2013（1）：106–110.

[33] 席鹏，南海. 串联侵彻战斗部装药技术及发展趋势 [J]. 飞航导弹，2014（6）：87–90.

[34] 罗义芬. 高能钝感炸药 MAD-X1 合成简讯 [J]. 火炸药学报，2015（4）：4.

[35] 于润祥，石庚辰. 硬目标侵彻引信计层技术现状与展望 [J]. 探测与控制学报，2013，35（5）：1–6.

[36] 欧阳科，杨勇辉，阮朝阳. 基于加速度传感器和开关信号融合的计层算法 [J]. 探测与控制学报，2012，34（2）：7–10.

[37] 蒋海燕，王树山，魏继锋，等. 典型变电站的闪络毁伤仿真分析 [J]. 北京理工大学学报，2013，33（2）：167–171.

制导兵器仿真与测试技术发展研究

一、引言

系统仿真技术是以相似原理、信息技术、系统技术以及应用领域相关的专业技术为基础，以计算机和专用设备为工具，利用系统模型对实际系统或假想系统进行动态试验研究的一门多学科综合性技术，已成为 21 世纪认识和改造世界的重要手段之一。

系统仿真技术主要分为仿真建模技术、仿真支撑系统与平台技术和仿真应用技术。仿真建模技术是针对研究对象，依据相似理论、仿真的方法论和仿真建模理论等，研究建立对象的仿真模型的相关技术，是仿真的基础；仿真支撑系统与平台技术是搭建统一化规范化的仿真平台，提高仿真系统开发的效率与实现程度，实现仿真系统可重用与可组合型的模块式地开发；仿真应用技术是在实际系统仿真开发与实践中的具体实现，是仿真理论与实际系统之间的无形桥梁，也是我们进行制导兵器仿真的研究重点。仿真技术是制导兵器制导控制系统研制中最重要的基础技术。

随着制导兵器发展的需求和武器系统复杂性的增加，半实物仿真系统（或称硬件在回路的仿真系统）成为检验控制系统最有效的手段。因此，在控制系统研制中，各类新型敏感探测单元、导引装置、弹上控制计算机、执行机构参与的半实物仿真是当前制导兵器控制系统仿真技术领域的重点和关键，包括图像制导仿真、激光制导仿真、毫米波仿真、多模复合仿真、组合导航仿真以及网络协同制导仿真等。

制导兵器仿真技术是多学科综合性技术，涉及仿真建模理论与方法、仿真系统总体、制导系统仿真、网络协同制导仿真、武器装备体系和对抗仿真等多个技术方向。本报告综述了各技术方向发展现状，对比国外研究情况，分析并展望我国制导兵器仿真各技术领域差距、发展趋势和发展对策。

制导兵器总体测试是指使用各类专用测试设备、仪器和系统对研制、生产及使用各阶段的制导兵器各分系统与全系统通过适当的试验方法及必需的激励信号进行数据的采集和处理分析，由测得的信号来对被测对象相关参数进行评估和性能验证。总体测试是武器系统测试验证与试验评估的重要组成部分，是装备研制、生产和使用过程中的一个重要环节，是验证设计方案正确性、设计参数合理性、准确性、可靠性及鉴定武器系统战术技术指标的主要手段。对于降低工程研制的风险、提高研制效率、节省研制费用等都起着重要的作用。

制导兵器总体测试技术主要依靠的理论体系包含测量学、电子学、信息论、计算机系统计算机理论等广泛理论基础，采用了计算机辅助方法、虚拟方法、图形与图解方法、滤波方法和实验方法等方法体系，是计算机网络通信技术、综合电子信息技术、数据采集技术、虚拟仪器技术及现代数据分析与信息融合等多学科技术融合的一门技术。

二、我国制导兵器仿真与测试技术发展现状

（一）仿真模型算法

制导兵器仿真建模理论与方法的发展一直以来重点在结合应用的仿真方法上，具体就是仿真算法。面向常规的动力学系统，尤其是针对飞行器的单一动力学系统的仿真算法已经很成熟，在制导炮弹、战术战略导弹动力学仿真中得到广泛应用。随着制导兵器向远程、全向攻击、变轨机动、高精度控制等方面发展，原来基于发射系的近程导弹飞行力学模型算法已经不能适应，基于火箭动力学模型、导航坐标系、考虑大气分层密度、地球自转等因素的高精度动力学模型算法被引入制导兵器仿真领域，多发导弹同时发射/协同制导飞行控制仿真所需的高速高精度算法得到开发和应用，推动了制导兵器仿真算法方面应用技术的发展。

近年来，在远程制导火箭系列武器系统的牵引下，制导兵器仿真团队相继突破了导弹弹性弹体飞行力学建模、模态仿真信息接口设计、模态仿真系统集成等关键技术，实现了导弹弹性模态半实物仿真，其建立的弹体模型及六自由度方程具有比以往更高的精度，不但可以应用于远程制导火箭系列武器系统等有模态仿真需求的项目，也可应用于传统制导武器项目，大大提升了仿真建模精度及仿真系统置信度，为精确考核控制系统及武器系统的性能发挥重要作用。

在前沿研究领域，针对飞行器多场耦合仿真的研究主要集中在飞行器多场耦合情况下飞行器的气热弹问题及高超声速飞行器性能的仿真研究。

（二）飞行控制仿真总体技术

制导兵器飞行控制半实物仿真系统是制导兵器半实物仿真的核心，其作用是将制导兵器飞行控制的主要单元惯性器件/惯性导航装置、飞行控制计算机、导引头、组合导航装置、执行机构等通过仿真计算机和仿真接口连接在一起，分别加入环境物理效应设备形成

导弹飞行仿真回路，进行室内导弹飞行控制打靶试验，来检验导弹飞行控制系统的性能。制导兵器飞行控制半实物仿真总体技术主要有仿真信息接口与系统集成技术、弹道解算平台与实时性技术、网络通信技术等。

1. 仿真信息接口与系统集成技术

为了制导武器研制需要，制导兵器总体科研单位大都建设了半实物仿真系统，典型的有激光制导半实物仿真系统、图像制导半实物仿真系统、组合导航制导半实物仿真系统、毫米波制导半实物仿真系统、网络协同制导仿真系统、侦指通武器系统连续发射仿真系统。近年来，借助于迅猛发展的计算机技术，采用柔性化仿真系统集成技术，仿真系统具有模型模块化、接口模块化与智能化、系统搭建灵活迅速等特点，可以快速组成不同型号、不同制导控制部件产品组合的仿真系统，满足了各类制导兵器型号和各种测试目的的半实物仿真需要。

为适应制导兵器大初始扰动姿态模拟要求，突破了仿真转台动态驱动技术，满足了制导兵器全程姿态高精度控制模型考核仿真要求。

2. 弹道解算平台与实时性技术

目前国内通过引进国外先进设备与消化吸收再创造，解决了制导兵器半实物仿真系统特别是仿真计算机的实时性问题，建立了银河 Star 系列、海鹰 HY-RTSIII、HT1000 等专用仿真平台，也广泛采用"Windows 操作系统 +RTX 实时核扩展"技术灵活组建的仿真计算机系统，实现了强实时（帧时间 1ms、0.5ms）半实物仿真的模型解算和信息交换，满足了当前大量型号仿真的需要。

3. 网络通信技术

目前国内半实物仿真系统内部大多采用光纤反射内存网络搭建实时仿真通信网络。国内解决了基于光纤反射内存技术的大容量高速实时仿真数据网络通信技术瓶颈，已有多个厂家能够设计生产光纤反射内存卡、信息交换机等设备，解决了过去依赖进口的问题，在制导兵器半实物仿真系统中得到了广泛应用。

（三）制导系统仿真技术

制导兵器制导系统仿真技术，是对采用激光、图像、毫米波等末制导方式以及卫星/惯性/地磁组合导航方式的制导兵器进行数学和半实物仿真的技术，主要包括激光制导仿真技术、电视/红外成像制导仿真技术、毫米波制导仿真技术以及卫星/惯性/地磁组合导航仿真技术、多模复合制导仿真技术等。

1. 图像制导仿真技术

针对图像制导武器，该技术以研究图像制导武器在复杂背景条件和环境下，各制导控制部件，如导引头、舵机、弹上计算机、惯导等组件的匹配性以及制导控制系统模型的合理性能为目的，主要利用电视/红外成像目标模拟器、五轴转台、试验总控制台、仿真接口及仿真计算机等设备组成图像制导武器半实物仿真系统。在图像制导仿真系统中，研制更接近于现实目标和背景的动态场景模拟器（简称红外目标模拟器、电视目标模拟器）是图像制导仿真的关键技术之一。图像制导方式包括电视和红外（中长波）两种制导方式。

在红外制导半实物仿真系统中，红外目标模拟器为导引头提供动态红外辐射图像，模拟导弹在飞行中导引头可观测的目标场景动态红外图像。当前国内广泛使用的红外目标模拟器技术可分为电阻阵直接红外辐射法和 DMD 红外调制法。目前中科院上海技术物理研究所已成功研制出分辨率为 256×256，输出波段为 $2 \sim 14 \mu m$，灰度等级可到 16bit，黑体等效温度到 650K，帧频 200Hz 的模拟器，并成功应用在对空导弹半实物仿真试验系统中。哈尔滨工业大学、兵器 205 所等研制了基于 DMD 调制方式，波长 $3 \sim 5 \mu m$、$8 \sim 12 \mu m$，像元素 1024×768，灰度等级 >200 级，视场 8.6×6.4、$6 \times 4.5°$ 的中波和长波红外目标模拟器，并在制导兵器仿真实验室的制导系统仿真中得到应用。

基于型号研制需要，兵器 203 所还建立了多发导弹连射、侦察指挥一体的图像制导武器系统级半实物仿真系统，解决了惯导 / 图像导引头一体化集成仿真、多发导弹连续发射仿真、观瞄图像与导引头图像一体化仿真等关键技术。

2. 激光制导仿真技术

针对激光制导武器，以验证激光制导武器主要制导部件总体性能、激光制导控制系统性能、考核激光导引头零位及跟踪能力为目的，主要利用激光目标模拟系统（模拟激光发射机、漫反射 / 投射屏幕）、光斑运动模拟系统（二轴转台、平面反射镜）、三轴转台、仿真接口及仿真计算机等设备组成激光制导武器半实物仿真系统。

激光制导武器半实物仿真系统为激光导引头性能指标测试验证和激光制导导弹、末制导炮弹、激光捷联制导火箭等项目的全系统半实物仿真试验提供技术支持和手段保障。近年来，我国激光制导仿真技术在目标照射、激光诱骗、高重频、大气散射以及通过烟幕的布设形成激光干扰等方面取得了突破，建立了多个激光制导兵器仿真试验系统，并建立了激光制导武器半实物仿真的误差分析和校正模型，为验证激光制导武器系统性能提供了全面可靠的验证环境。

在战场环境仿真方面，建立了激光诱骗、高重频、压制等人为干扰环境和大气传输等自然环境的量化表征模型框架，形成了战场环境分类分级表征规范，对自然环境的影响进行了初步分析与仿真评估。

3. 毫米波制导仿真技术

在制导兵器总体对毫米波传感器的频段选择牵引下，国内已经具备在 3mm 与 8mm 波段的全相参体制毫米波制导兵器闭环仿真试验能力。相关仿真系统已在对地、对海各类雷达制导体制兵器项目上投入使用，并在多个项目中得到应用。毫米波雷达导引头研制单位围绕射频模型进行雷达系统设计与仿真。

射频模型的内场物理实现方式主要包括对目标远场回波的近场模拟以及回波来波方向

模拟两个方面。对高频段、大带宽、复杂时、频域调制回波信号的模拟目前主要实现形式是下变频至厘米波段，采用 DRFM 技术延时、调制并上变频后转发。对回波来波方向的模拟国内目前主要采用机械平动式或阵列合成式仿真暗室系统进行射频模型仿真。

4. 卫星 / 惯性组合导航仿真技术

卫星 / 惯性组合导航仿真技术在国内外已有数十年的研究历史，它主要是针对采用惯性导航、卫星导航以及卫星 / 惯性组合导航的制导兵器开展仿真试验。其技术水平已经发展到了一个相当高的高度，在惯性导航仿真技术、卫星导航信号模拟技术、卫星干扰信号模拟技术、组合导航制导仿真技术方面达到了较高的技术水平，建设有数十个高水平的大型仿真试验平台。

以往的制导兵器飞行距离近、航时短，多采用纯惯性导航的控制方案，随着制导兵器向着智能化、远程化、长航时的不断发展，越来越多的制导兵器采用了卫星制导或卫星 / 惯性组合导航制导的控制方案。近年来，制导兵器仿真团队基于国内自主卫星导航模拟器、高精度时钟同步技术、大容量多通道数据实时通信技术、高采样率超大容量数据采集与存贮技术、高动态高精度仿真转台等技术，相继构建了多个卫星 / 惯性组合导航制导仿真系统，突破了卫星导航信号实时模拟、卫星干扰信号生成、加速度信号实时注入、卫星信号与仿真系统同步解算等关键技术，使得卫星接收机、组合导航装置进入了制导兵器仿真回路，为多个型号的中远程战术导弹、制导火箭、炮射制导弹药、巡飞弹等制导兵器研制工作的顺利进行发挥了重要作用。

5. 靶场半实物仿真能力

值得注意的是在制导兵器领域，承担制导兵器武器系统鉴定 / 定型任务的靶场半实物仿真试验能力建设发展迅速，陆军靶场已经建成了一套电视图像 / 红外成像制导半实物仿真系统，可以完成部分成像制导兵器半实物仿真任务，并开展了飞行试验 / 仿真试验一体化鉴定评估方法研究，靶场的鉴定模式正从单一依靠飞行试验数据模式向飞行试验 / 仿真试验一体化模式转变。

（四）网络协同制导 / 控制仿真技术

网络协同制导 / 控制仿真技术主要针对采用网络化协同作战模式武器系统（多弹协同武器系统）的研制及仿真需求，构建网络化协同仿真试验系统，在实验室内提供网络化协同作战模拟环境，满足多种典型条件下的多弹组网协同半实物仿真试验、半实物与数字仿真虚实结合试验的需求，对协同制导控制系统及集群武器系统的性能进行全面测试与评定、优化设计，为外场试验的故障分析与靶试复现、武器系统定型鉴定、作战对抗演练等提供重要技术支撑。

我国针对网络协同制导 / 控制仿真技术的研究起步较晚，大多起步于近 10 年内，航空航天兵器及水下武器等单位相继开展了多弹网络化协同仿真技术及多弹协同仿真系统的论证、设计与技术实践工作，并取得了一定的进展。针对各自特点进行了多种技术方案的探索与实践。

一种方案是构建多个独立的半实物仿真系统，各仿真系统的设备组成与配套资源等均相同，然后通过组网再配合统一的时频基准、总控系统等设备实现了多个仿真系统间的组网协同仿真；每套独立的半实物仿真系统仿真一枚弹药，再通过系统间的组网与时统实现多枚弹药间的网络化协同仿真。

另一种方案是在一个仿真平台中实现多枚弹药同时参与的组网协同，所采用的技术途径为由具有多任务实时仿真能力的单个实时仿真计算机系统根据时序并行解算多枚弹药的弹道模型，在仿真总控系统、信息接口和时频基准的统一协调下，实现多枚弹药的组网协同半实物仿真。

（五）武器系统对抗与装备体系仿真技术

武器系统战术对抗仿真是利用虚拟现实、三维视景生成、计算机生成兵力和人工智能等现代仿真技术构建对抗双方人员、武器装备和战场环境的高精度仿真模型，模拟双方作战力量的信息、火力、机动、防护、保障等功能，实现不同作战样式、不同作战条件下的指挥、行动和保障的全过程、全要素仿真。

在过去的五年中，我国对仿真开发平台构建及平台支撑技术进行了深入的研究，在仿真体系结构、视景仿真、毁伤仿真、军事仿真模型体系等技术方面取得了长足的进步。在异构仿真系统集成互联技术方面研制了 LVC 仿真试验技术平台体系框架；开展了战术对抗交战过程中毁伤仿真研究，提出了分层毁伤仿真体系，仿真粒度达到部件级。国内也开发了多款仿真平台工具货架产品：北京华如科技股份有限公司的 XSIM 仿真平台和 LVC 集成支撑平台 LinkStudio、北京神州普惠科技股份有限公司的 DWK 和 TENA 联合试验支撑软件平台、南京睿辰欣创网络科技公司的 VMS、北京中航双兴股份公司的 VIRSPACE 等；军用训练仿真平台有一体化训练平台，红星系列等。

在仿真装备和系统层面，我军开发了多层次的模拟训练系统。涵盖了技能操作模拟训练、战术协同模拟训练和激光实兵对抗训练，为装备尽快形成战斗力发挥了重要的作用。

国内在装备体系仿真方面，开发了多套系统，如"5+1 实验室"开发的用于装备论证的仿真系统，国防大学、石家庄陆军指挥学院、南京陆军指挥学院等单位开发的作战、训练仿真系统（包括兵棋系统），各军工集团开发的用于装备体系优化设计的仿真系统等。在装备体系化研发的条件建设方面，针对陆军武器装备类型多，装备之间协同密切的特点，近年来首先在兵器科学研究院开展了装备体系研发平台建设工作，目前兵器科学研究院已经研制了多个体系级的效能评估仿真系统，包含了侦察系统的仿真、情报综合处理系统的仿真、突击装备的仿真、火力打击系的仿真、防空系统的仿真、综合保障系统的仿真等。

（六）制导兵器总体测试技术

制导兵器总体测试技术发展于 20 世纪 80 年代末，主要任务为完成某重型反坦克导弹武器系统弹上部件的联试配套任务及发射车点火检测任务。随着制导兵器技术的发展和项目的需求，总体测试技术的内容逐渐扩展，目前已发展到可以覆盖导弹、火箭、灵巧弹药等类型武器系统的研制、生产和使用各环节的测试验证。测试内容主要围绕系统设计技术要求和指标，针对系统 / 分系统的工作流程，组成部件间的接口关系，电气、机械、光学等主要性能，选取测试的参数，设计并实施各种测试和验证试验，获取试验数据、评估试验结果，验证武器系统、分系统乃至部件的设计是否满足设计技术要求，为其研制阶段改进优化提供依据，生产和使用提供保障。

1. 总体测试技术

制导兵器总体测试技术从功能来看主要分为两个方面：模拟技术和测试采集技术。

（1）模拟技术

模拟技术主要是产生激励信号使被测试的制导兵器系统或分系统正常工作。总体测试模拟技术作为被测系统工作的激励信号，从功能性、流程测试等需求出发，对模拟设备的功能性要求比较突出，不强调精度和动态性能。根据各制导兵器武器系统的制导方式和测试需求，模拟技术可分为以下方面：

1）目标模拟技术。根据制导兵器的导引头目标探测方式，研究目标模拟的技术方案，形成目标模拟单元。总体测试目标模拟单元技术需要模拟的目标通常分为可见光图像、激光回波、红外图像、毫米波目标等单模或多模（二模或三模）复合的目标类型。

激光目标模拟单元主要技术指标有：光脉冲宽度、脉冲间隔时间和精度；红外目标模拟器主要技术指标主要有辐射波段（近、中、长波等）、温度范围等；毫米波目标模拟单元主要技术性能有频率范围、波束宽度等。

根据导引头的探测范围和导弹的战技指标要求，目前对模拟目标的运动范围通常在水平 $-30° \sim +30°$，俯仰 $-25° \sim +25°$，运动速度 $\leqslant 5°/s$，角位置精度小于等于 $0.1°$。

2）姿态模拟技术。制导兵器采用的导航装置通常有陀螺仪、IMU 和惯导组件等，目前总体测试技术主要关注飞行姿态模拟，通过三轴转台模拟偏航、俯仰和倾斜方向的运动，通常三个方向范围都可达到 $360°$，角速度达到 $20°/s$，角加速度达到 $20°/s^2$。

3）电源模拟技术。制导兵器武器系统常用的电源包括车载 / 载机电源、弹上热电池，目前总体测试技术通常采用直流稳压电源来模拟供电，根据各武器系统中一次和二次电源的技术指标，主要满足电源、电流的高低边界以及纹波等要求，纹波一般要求 $\leqslant 100mV$ 并在测试中提供过流保护。

4）通信模拟技术。制导兵器武器系统中采用多种通信模式，目前总体测试系统可提供包括 RS232 串口、RS422/485 串口、CAN 总线、ARINC429 总线、1553B 总线、Flexray

总线等各种标准协议的通信数据，根据各总线特点和要求不同，可以设置各种校验位、起始位停止位等通信协议，波特率最大可达到1Mbps，能满足各类型武器系统中的分系统、部件的通信。

（2）测试采集技术

在测试过程中将被测系统或设备中各信号的实时变化采用高精度的传感器和数据采集仪器相结合的方式进行监测和数据采集。目前可测试采集的信号包括总线信号、电源、点火信号及其他常见模拟量信号。总线通信的测试可获得总线上波形、周期、误差、帧长度和通信数据等信息，模拟量测试可获得各信号的电压变化、波形、周期等数据。目前总线通信数据采集的波特率最高可达1M/bps，其他模拟量监测采样率可达1M/s，采集通常为10k/s，精度可达16位。

2. 测试系统

为了适应不同使用场所和不同测试能力的要求，测试系统主要发展为桌面式测试系统、便携式测试系统和嵌入测试设备。

（1）桌面测试系统

桌面测试系统是在实验室环境下为了对不同阶段的制导兵器系统的性能、状态进行全面的测试，包括各部件/设备的集成、联合实验测试、装配组装后的分系统综合测试，模拟使用中可能出现的各种条件（电源变化、姿态变化、目标变化、输入数据变化等），高精度地监测采集被测对象输出的各种信号和信息，采用各种数据处理和分析方法对被测对象的状态进行全面的描述，并根据设计要求做出评估，尽早发现设计或实现中存在的缺陷。

桌面测试系统主要包括目标模拟单元、姿态模拟单元、模拟电源单元、部件/发控模拟单元、数据采集单元、信号监测单元和主控单元，各模拟单元分别模拟可识别的目标运动、飞行姿态变化、地面及弹上电源的变化、发射系统或其他部件的信号和时序，数据采集单元和信号监测单元对被测对象输出的信号和信息进行采集、监测，并对数据进行分析，主控单元负责对测试系统中的其他设备进行调度、设置和工作控制。

随着电子技术、计算机控制技术、仪器仪表技术的快速发展，桌面测试系统目前主要采用基于PXI总线的虚拟仪器测试设备，运用LAN总线和IO信号作为信息交互和控制信号，结合自动控制软件形成自动化、分布式测试系统。现阶段的桌面测试系统具有较高精度和实时性，实现了从堆叠式、非标准化向模块化、标准化、系列化的转变；构建的通用化总体测试平台，在武器装备研制中得到了推广应用，初步改变了我国测试分散落后的局面，基本满足了武器装备测试系统的需求。

（2）便携式测试系统

便携式测试系统主要是为了便于展开和撤收而设计的测试系统，主要应用于不固定场所的实验室测试和外场、阵地测试。便携式测试系统在设计时，在满足测试功能的基础上，对环境、结构、重量和包装等要求通常需要特别设计。

便携式测试系统目前常用的有基于 PXI 总线、PC104 总线、ETX 架构等的小型化虚拟测试仪器，配置不同功能的板卡配合测试软件的应用，满足测试功能。

（3）嵌入测试设备

嵌入测试设备是指在制导兵器弹上或机／车上的测试设备，主要是为了记录武器系统和弹药工作时输出的重要参数，为分析武器系统和弹药工作时的状态提供可靠依据。嵌入测试设备常用的有车载记录仪、黑匣子（数据记录装置）、遥测装置等，通常采用 ARM+FPGA 配合外围电路的架构，主要的功能就是采集并存储通信数据和模拟量数据。

嵌入测试设备的特点是可靠性、环境要求等都跟弹上部件或车／机载设备相同，同时存储量大，并且具有数据断电保存的功能。

3. 数据处理和评估

在制导兵器总体测试试验中获取的大量数据，需要通过处理和分析转换为有用的信息，判断评估被测系统的真实状态。

评估的标准是通过对各部件、设备的设计技术要求、系统工作流程、接口控制文件（通信协议）等文档综合分析制定出的合格判据。对于某一试验条件下，某个参数应输出的数据或幅值的正常范围和时序都应该有明确的要求。

数据处理和分析的方法很多，现在常用的是将数据中的错点／错误帧剔除掉，将数字量信息通过比例尺还原成实际数据，再与模拟量数据在统一的时间轴上绘制成曲线。通过测量工具对每一参数的值进行测量，再与合格判据进行对比，得出分析结果。

三、制导兵器仿真与测试技术国内外发展对比分析

（一）仿真模型算法

国外的仿真方法和工具，已经从多学科的独立协同仿真，向多学科耦合仿真发展，耦合的深度和广度不断深入。

国外针对多物理场的耦合仿真和试验研究已经广泛和深入，形成了多个仿真软件工具和应用系统，美国斯坦福大学甚至在 2013 年就推出了一个开源的多物理场耦合仿真的软件工具。除其他国家外，中国台湾地区在此方面也有进展。

国外流行的动力学分析软件 ANSYS 已经升级，可以用于电机多场耦合仿真（电磁、流体、振动、噪声耦合分析），飞行器的多场耦合计算（动力学／结构／热防护）。其中 COMSOL 公司的 Multiphysics 软件，可以轻松实现建模流程的各个环节，与附加模块结合使用时可进一步扩展建模功能，用来分析电磁学、结构力学、声学、流体流动、传热和化工等众多领域的实际工程问题。用于工程设计 CAE 软件，也增加了多场耦合分析计算工具 FASPlatForm。

针对大型柔性飞行器的仿真问题，它们建立了六自由度动力学与几何非线性气动弹性耦合方程，采用低阶应变的非线性结构分析与非定常有限状态势的低空气动力耦合的气动弹性分析方法，在几何非线性结构公式、有限状态气动模型和非线性刚体方程基础上，采用隐式改进 Newmark 法和牛顿–拉弗逊子迭代公式进行求解。

（二）飞行控制仿真总体技术

1. 一体化仿真计算机平台方面

一体化仿真计算机平台方面，国外以 ADI 的 rtX、并行仿真公司的 ihawk 等为代表，集成了大量的飞行动力学仿真算法、集成建模环境和外部实时接口、实时控制能力，可进行实时和超时实时仿真能力。国内以银河、海鹰、华力创通等仿真平台为代表，具备了一体化建模于仿真平台的结构，在建模环境、仿真算法和实时控制方面都取得了很大进展，基本可以满足当前制导兵器制导控制半实物仿真需要。国外相关产品在计算能力、实时性能、通信能力、功耗、可靠性等方面具有明显优势，产品集成度、成熟度较高，通常具有更高性能的硬件设备和开放式架构，更高效的仿真建模和仿真运行控制环境。

2. 仿真转台方面

在众多研究用于飞行运动模拟的仿真转台技术的国家中，美国一直处于世界领先水平，远超英国、法国、俄罗斯等国家。美国从 20 世纪 40 年代就已经开始进行转台技术的研究工作，经过多代发展，到 21 世纪，美国 CGC 等多家公司合并组建了 Acutronic 公司，成为现今技术实力最强的转台研发生产公司，其转台采用模块化设计技术，具有成熟的可在线调整控制系统参数、完善的外部控制接口的转台控制器，精度可以达到 0.1" 以内，可精确随动动态输入信号，其技术一直处于世界领先水平。

我国的仿真转台技术虽然起步较晚，但是发展速度比较快，目前哈工大仿真中心、中航测控所等单位研制的仿真转台主要技术性能基本达到世界先进水平，为国内飞行仿真用户提供了大量的仿真和测试转台。通过技术指标的对比可以看出，我国转台技术与美国等发达国家还是有一些差距的，主要问题在控制技术、传感器的精度和动态性能、驱动设备的低速性能等方面，且部分关键器件依赖进口。

3. 目标模拟方面

自 21 世纪以来各相关单位相继开展了关于红外成像仿真、激光制导仿真、毫米波制导仿真等各类制导模式仿真中所需目标模拟器的相关工作。目前哈工大、兵器 205 研究所、长春光机所、航天长峰电子研究所等单位分别在电视、红外成像、激光、毫米波等目标模拟器研究方面取得了技术突破，为制导兵器总体设计单位提供了制导系统半实物仿真所需的目标模拟设备，基本满足当前制导兵器等制导系统性能测试与验证仿真等科研任务的需要。国内外主要技术差距在于目标环境模拟的精度、动态范围、目标类型以及干扰模式的加入、目标环境建模与仿真软件平台等方面。

在多模复合制导仿真方面，国外在 20 世纪 90 年代就已取得重大突破，实现了红外 / 毫米波双模仿真、射频 / 红外复合仿真，可对复合导引头进行全面的测试与评估；美国陆军导弹司令部等研制的复合仿真系统，具备了红外 / 毫米波 / 激光三模复合仿真的能力，可以将三种波束在空间合成并同时投射到一个导引头入瞳。国内的研究起步较晚，近年来虽然在一些关键技术上取得了突破，但还尚未达到工程应用阶段，和国外相比仍有不小的差距。

（三）制导系统仿真技术

1. 图像制导仿真技术方面

通过综合研究表明，欧美等国在图像制导武器系统半实物仿真技术的先进性主要体现在具有先进完备的环境模拟设备，同时也展开了多模目标复合模拟技术的研究。跟我国在电阻阵目标模拟器的主要差别如表 1 所示。在基于数字微镜技术（DMD）的图像目标模拟技术应用上，国外在包括中 / 长波红外均可实现 400Hz 的频率与 1024×1024 的阵列规模，而我国 DMD 技术实现最高帧频 100Hz，分辨率为 1027×768 的模拟器。在多波段及多模仿真方面，国外已经研制了高分辨率的双波段 1024×1024 分辨率电阻阵红外场景模拟器，同时研制了激光 / 长波红外双模复合目标场景模拟系统，正在开发高光谱高置信度动态红外场景模拟技术。进入 21 世纪，美国埃格林空军基地开发了高性能的复合仿真系统，可以将三种波束在空间合成并同时投射到导引头的入瞳，具备红外 / 毫米波 / 激光三模复合仿真的能力。国内在多波段目标场景模拟方面还处于起步阶段，还没有成熟的样机，只是有部分关键技术在探索之中。

表 1　国内外电阻阵红外目标模拟器关键指标对比

	波段	最高温度	帧频	分辨率
欧美	2~16μm	700K	400Hz	1024×1024
我国	2~14μm	650K	200Hz	256×256

在红外场景生成方面，国外对红外场景仿真的研究始于 20 世纪 80 年代，至今已经开发出如 JRM 等一系列成熟的商业化仿真软件。在温度场计算方面，由早期的经验 / 半经验模型过渡到第一原理模型，然后着重于目标与背景的热交互以及提高辐射计算精度，同时致力于仿真软件的功能模块扩展。

相比之下，国内在红外场景仿真方面的研究始于 20 世纪 90 年代，相对于国外晚了 10 年左右的时间，因此整体水平相对落后。但总的来说，国内已对大量的红外目标和背景进行了红外成像建模与仿真，开发了 PRISSE 等多个红外场景仿真平台，实现了中波和长波辐射仿真，考虑了大气效应和探测器效应，并进行了仿真精度提升方面的工作。但是由于国内在对仿真材质库的建设、红外场景仿真的验证以及仿真软件的集成度等方面研究不够深入，通常为特定用途开发，通用性不强，功能单一，无法形成具有商用价值的软件。另外，温度场是提前计算好导入到仿真系统中的，对实际场景中的物体在交互过程中所涉及的物理变化考虑不够。总的来说，国内在红外场景仿真方面还有很长的路要走。

2. 激光制导仿真技术方面

美国是对激光半主动制导武器研究最为深入、最为典型的国家。自越南战争开始，美国深刻体会到激光半主动制导武器的作战威力和高命中率。为了提高激光半主动制导武器的作战效率以及避免同一战区内不同激光半主动制导系统之间的相互干扰，近年来美国开始重视研究精确频率码技术以及战场环境模拟推演等技术。由此，激光制导仿真技术逐步走向了更加全面化、系统化、智能化、数字化的道路。

相比之下，国内一些科研院所虽然也建立了一些激光制导仿真系统，但它们主要是针对本单位研制的具体产品来进行仿真系统设计的，用于验证设计思想、设计原理、设计方案的合理性，虽说为一批型号项目的研发、定型做出了不小贡献，但由于缺乏充分的建立在飞行测试基础上的动态校模过程，所建立的模型的准确度和置信度偏低，已经无法完全满足军方对激光制导武器系统的测试鉴定任务的要求。在激光目标回波模拟和干扰模拟技术方面，美国已经建立了先进的多目标高精度同步延迟可控模拟系统，可以同时模拟三个激光回波脉冲，同步延迟时间可以达到 $1ns \sim 100\mu s$ 可控，国内目前只能做到最小 $1\mu s$ 的控制精度。

3. 毫米波仿真技术方面

可与国内毫米波制导兵器仿真技术对比的主要是欧洲与美国，其中以美国最为先进、典型。美国自 20 世纪 70 年代起利用角闪烁原理建立的射频仿真系统（RFSS）历经多年技术发展、迭代，目前隶属陆军装备司令部下属的系统仿真与开发部（SSDD）。SSDD 在亚拉巴马州亨茨维尔市附近的 5400 号仿真大楼中，与毫米波制导相关的仿真设施包括：射频仿真系统（RFSS）、毫米波仿真系统、毫米波/红外复合仿真系统、三模复合仿真系统，以及专门的毫米波环境背景产生系统。

SSDD 中的 RFSS 系统对国内阵列式射频仿真系统产生了深远的影响。时至今日，美军的毫米波仿真技术仍较国内领先许多。首先，在体制机制方面：SSDD 隶属于美国陆军，服务于美国各大军火商的众多制导弹药项目，其中不乏爱国者、萨德、地狱火等著名型号。仿真资源集中投资、研发、管理，人力、物理、财力等科研资源充沛。其次，在技术方面：美军在早期射频（含毫米波）仿真系统研发、建设初期就将射频模型及其与空气动力学模型的耦合关系作仿真系统设计中的重点。利用理想点目标进行控制模型仿真的思路忽视了毫米波制导方式与其他制导方式相比较存在的复杂性，即复杂的射频模型对控制模型的耦合影响。这对国内毫米波制导兵器的研发方式及相关技术水平产生了深层次的影响。

时至今日，国内毫米波制导兵器总体仿真实验从射频模型设计复杂程度上看，基本上属于基础级水平，尚未对目标角闪烁及地杂波等复杂问题进行深入探索。在毫米波制导仿真方法上面，美国使用的是小角度阵列模式，采用综合视线法将导引头引入导弹飞行仿真回路，该方法需要对导引头的控制回路进行适应性设计，采用该方法后大大降低了毫米波目标阵列的视线角范围和毫米波辐射器件与控制的规模，需要加以研究和借鉴。

在射频仿真系统总体设计与建设方面国内已经取得长足进步，但在相关关键芯片、核心信号处理算法、军用电磁仿真软件等方面距世界先进水平仍有差距，或受制于人。因此，国内毫米波仿真技术一方面需要突破体制机制制约、探索前沿技术、追赶超越，另一方面需要弥补高速发展过程中的历史欠账。

4. 卫星导航仿真方面

在卫星导航信号和卫星干扰信号模拟方面，国内经过数十年的研究，其技术水平已经发展到了一个相当高的高度，在惯性导航仿真技术、卫星导航信号模拟技术、卫星干扰信号模拟技术等方面达到了较高的技术水平，建设有数十个高水平的大型仿真试验平台，其综合技术水平与国外军事发达国家相当。

在实际外场卫星导航环境模拟方面，国内建设的卫星/惯性组合导航仿真试验系统所模拟的卫星导航信号为处于真实运行轨道上的 GPS/BD 等卫星所发射的导航信号经时间、空间变换后在制导终端处接收到的理想信号，其对传输信道的考虑仅限于电离层、对流层等影响。而真实物理位置上接收到的卫星信号强度、来向和多径与实际地理地形、地貌、大地电磁特征密切相关，导致现有仿真系统对传输信道描述能力较为匮乏，真实性不够，与外场实际环境存在着一定差异，其将导致仿真工作过程与实际打靶结果不匹配，如不同时间、地点多次进行的发射试验，卫星信号传输信道不同（地形、建筑物/山脉遮挡、表面反射）致使打靶能力存在差异，而现有仿真系统无法模拟该差异，仿真逼真度及精细化程度有待提高。

然而国外建设的高水平卫星/惯性组合导航仿真试验系统大多考虑了实际战场环境的影响，通过增加真实环境虚拟化系统，可从 3D 数字地图智能提取制导武器飞行路径上的地理特征信息（海拔高度、地面建筑物、山脉、水面及对应电磁特征参数等），对特定飞行轨道进行复杂电磁环境的场景规划、建模、数值模拟，通过云端计算机对飞行轨迹上卫星导航信号遮挡、衰减、多径、来波方向等接收场景进行分析，并智能规划待模拟导航信息接收场景，实现几近真实电磁环境下的导航场景模拟，提高仿真精细化程度，从而更加准确地反映武器制导系统在实际场景中的工作状态及遭受各类干扰时的真实运行情况。因此，在实际外场卫星导航环境模拟方面，相比国外军事发达国家，国内无论是在系统构建还是在仿真关键技术研究方面都还存在着一定差距。

（四）网络协同制导 / 控制仿真技术

美国、英国、法国等军事强国十分重视网络协同制导 / 控制仿真技术的研究和应用，建设了一大批高技术含量的网络化协同制导仿真系统，用于开展联合作战仿真试验，还结合先进的建模仿真与高性能计算机组成虚拟战场，对武器系统开展研制试验、鉴定与作战训练。典型的网络化协同制导仿真系统建设情况如下：

（1）美国海军空战中心建有协同制导武器系统半实物仿真试验平台，该平台能够支持 32 个同种或不同种类的武器系统开展半实物仿真试验，考核协同制导武器系统组网协同工作性能和联合作战能力，如战斧 2 型巡航导弹的舰载版和潜射版均是依托这一平台来考核武器系统的协同攻击能力与综合作战效能。

（2）美国艾格林空军基地建有网络化协同仿真实验室，该实验室不但能够开展传统的半实物仿真试验，还能够为协同制导武器系统提供组网协同仿真试验环境，该实验室曾为 JDAM 联合攻击弹药、JASSM 联合空对地防区外导弹、JAGM 联合空对地导弹等多型智能化弹药的研制开发提供了高置信度的试验验证环境。

（3）美国圣罗莎岛建有天 – 地组网协同仿真试验平台，该平台不但能够开展组网协同制导半实物仿真试验，还能够与外场实际飞行的打靶弹组成信息交互网络，实现天 – 地间被测产品的互联互通，大大减少了协同制导武器系统飞行试验的用弹量，同时能够对协同制导武器系统的综合性能进行全面考核。

可以看出，与国外军事发达国家相比，我国在网络协同制导 / 控制仿真技术研究方面还存在着一些不足，主要体现在：

（1）多弹协同数量不足。我国当前支持的多弹协同仿真数量仅为数枚，而国外军事发达国家已实现由多弹仿真向大规模集群弹药仿真的跨越，其被试弹药数量可达数十枚到数百枚。

（2）虚实结合仿真能力不足。由于国内大规模虚拟仿真的实时性技术还存在一定的缺陷，因此开展少量实物弹药 + 大规模虚拟弹药的虚实结合仿真能力还存在着一些不足；而国外军事发达国家虚实结合仿真技术已经达到了相当高的技术成熟度，具备了开展超大规模"实物弹药 + 虚拟弹药"虚实结合仿真的能力。

（3）天 – 地组网协同仿真能力不足。国内当前不具备开展弹药间天 – 地组网协同仿真试验的能力，而国外军事发达国家已具备支持多弹种、多平台天 – 地组网协同仿真试验的能力，可根据试验需求任意组配参试"飞行弹"和"地面弹"数量，实现"飞行弹"与"地面弹"的天地组网协同仿真。

（五）武器系统对抗与装备体系仿真技术

和国外先进军事强国相比，我国在仿真支撑技术的研究和仿真平台的开发方面还存在较大的差距。具体表现为：

（1）仿真引擎技术

在毁伤方面，国内仿真平台毁伤计算时一般只考虑目标的防护值、弹药的威力等有限几个参数，在对累计毁伤的计算时也只是简单的线性叠加。相比而言国外的仿真引擎则使用了层次化的高精度装备毁伤仿真建模方法，能准确刻画对抗条件下装备和人员的毁伤效果，训练仿真的可信度很高。

（2）实时战场环境生成技术

虽然目前的国内仿真平台实现了战场环境的实时渲染，但无论是渲染效率、渲染的逼真度，还是对大地形的支持与国外的平台相比，都有一定的差距，同时缺乏实时态势表现能力。

（3）作战实体行为智能建模

目前在动作行为建模方面，国内外的水平基本持平，但是决策行为建模技术方面我们与发达国家的差距很大，我们还停留在有限状态机建模和简单规则判断的水平，而国外一些仿真平台则已将深度学习等先进的人工智能技术应用到决策行为的建模与仿真中了。

（4）对抗场景构建

国内构建三维地理环境主要以手工建模为主，其数据采集强度大，建模效率极低，需要耗费大量的人力、物力来完成。而国外基于视觉的三维重建技术迅猛发展，对大场景的三维地形、地物重建基本实现了自动化和流程化作业。

（5）综合战效评估

在综合战效评估方面，国内的评估软件架构相对封闭，可扩展性和开放性较差，无法适应动态评估对指标体系重构的要求，并且无法扩展评估算法。

（六）制导兵器总体测试技术

1. 国外发展状况

国际上，现代信息技术等高新技术的飞速发展及其在军工试验与测试领域的广泛应用，正带动着军工试验与测试技术向着综合化、虚拟化、通用化、智能化和网络化的方向发展。在信息化战争的背景下，由于网络中心战和一体化联合作战模式的要求，提出了网络化测试技术的需求，具有互联、互通、互操作特性的、能够提高武器装备纵向和横向集成测试能力的新一代自动测试系统（New-period Automatic Test System，NATS）成为综合测试与故障诊断技术下一步研究的重点。

（1）数字化协同测试

数字化协同测试技术是武器系统测试的重要发展方向。数字化协同测试平台的构建，旨在提供一个数字化的武器测试环境，它能够高效地管理武器系统设计－制造－维护全生命周期的测试数据，并能深入武器测试过程的每一个环节，将分布式的测试系统、测试人员进行优化配置，使得不同地区分布的不同测试人员、测试系统能够基于统一的平台进行协同工作，从而在提高和保障武器系统性能的同时，降低其成本，缩短其开发时间。平台组成主要包括测试信息共享数据库、测试过程动态监控系统、协同测试系统控制中心、分布式前置通用性测试系统等。目前，数字化协同测试技术在航空航天得到飞跃的发展。

（2）故障诊断与预测

在国外，西方发达国家高度重视弹箭故障诊断与预测技术，通过长期跟踪和大量试验以及实战经验，建立了较完善的弹箭性能测试评估。美国陆军航空和导弹司令部推出一种基于环境应力监测的 RRAPDS（Remote Readiness Asset Prognostics/ Diagnostics System）的小型战术导弹状态监测系统，该系统通过综合应用先进的状态和健康监测方法以及微机电、微通信、微数据处理器和电源微功耗技术，以实现对导弹、弹药以及发射平台的贮存、运输以及使用过程中的状态进行评估，从而确定或预测即将投入战斗的这些武器系统状态是否完好；RRAPDS 是美国陆军通用化测试技术的革命性突破，它大大地提高了性能评估的置信度，并具有很高的性价比，目前该系统已经应用到 TOW-2B、爱国者导弹、海尔法导弹等。因此，智能化弹药故障诊断与预测技术是弹药发展的内在新需求。

（3）健康管理

故障预测与健康管理（PHM）是利用各种传感器的集成，并借助各种算法和智能模型来监控、诊断、预测和管理武器系统的状态。综合飞行器健康管理系统（IVHMS）已成为新型武器装备实现基于状态的维修和自主式保障的一项核心技术，是 21 世纪提高复杂装备"五性"（可靠性、维修性、测试性、保障性和安全性）、降低使用与保障费用的一项有前途的军民两用技术。目前，美国 65% 的陆航装备都已安装了便于实现基于状态的维修（CBM）的直升机健康与使用监控系统（HUMS），在 2010 财年为美军陆航装备节省了约 2 亿美元的装备修理费。

2. 国内发展现状

国内近年来，许多科研单位和公司也开始对数据采集存储技术进行了深入的研究和开发，也取得了很多技术突破，在数据的采集通道数、采集速度、存储容量、传输技术等各方面都有了很快的发展。中科院空间应用研究所在以同步动态存储器为介质的数据采集记录装置的研制方面拥有先进的自主研制技术。

华东理工大学自动化系研制开发的分布式控制系统（DCS）故障诊断专家系统，以专家系统开发工具 Eclipse 作为内核，以关系数据库 Visual FoxPro 6.0 作为开发环境，建立相应的故障诊断逻辑规则，开发与之匹配的知识获取人机系统和用户界面。应用证明：作为 DCS 诊断的有效手段之一，该系统已在 DCS 的维护工作中使用并取得良好效果。

在健康管理技术方面，国内的研究处于起步阶段。北京航空航天大学的可靠性工程研究所较早地开展了健康管理方法和技术应用的研究，从 PHM 的人 - 机 - 环完整性认知模型出发，对 PHM 技术进行了分类和综述，还从工程实际应用角度，对电子产品 PHM 的技术框架进行了阐述说明。北京理工大学构建了一个设备健康管理系统的柔性软件系统框架，在此框架内设计了系统的主要功能模块，包括数据分析、故障诊断、健康评估、寿命预测和维修决策等。

四、发展趋势与对策

第一，在传统制导系统仿真技术方面，复杂战场环境仿真成为制导兵器战场环境适应性评估的主要手段之一，因此必须加强复杂战场环境基础理论与基础技术研究，建设具有自主知识产权的战场环境仿真软件平台和模型库，推动高质量目标环境场景投射器的研发与使用；图像制导仿真技术需要进一步加强典型战场目标场景与环境特性建模技术研究、目标背景生成技术研究。重点开展中长波目标场景精细化生成技术研究，并对复杂环境模型进行校核与评估，以及加快研制高性能红外成像及多波段（中场波、近红外波段）、高光谱段目标模拟器；激光制导仿真技术需要开展激光大气传输特性及战场环境模拟技术研究，建立激光战场自然环境和人为干扰环境模型数据库；逐步建立激光制导武器仿真评估方法和评估指标体系，并能对精导武器对抗性能与实战能力做出合理的评价；在毫米波制导兵器仿真技术后续发展中，应着重研究适应新一代智能化毫米波制导武器需要的目标及环境回波以及战场多维度复杂电磁环境的建模、建库技术，并在此基础上研究复杂射频模型驱动的总体仿真技术，深入研究复杂射频模型与空气动力学模型耦合下的毫米波制导兵器闭环仿真方法。在卫星组合导航仿真技术方面，在对卫星制导或组合导航制导系统导航及定位能力考核验证的同时，更需要对其抗干扰能力进行测试与评估，同时需要构建组合"导航＋末制导"仿真试验系统，将两种不同制导模式的仿真系统融合起来，以实现对此类制导兵器性能指标的考核验证。

第二，加强新型制导模式目标环境模拟技术研究：随着制导兵器新型制导模式的发展，需要新的物理效应仿真设备来组建半实物仿真系统，例如激光成像制导、地磁导航制导、新体制成像雷达制导、极化雷达制导等制导兵器制导技术的提出，以及激光/红外/毫米波多模多波段复合制导技术的发展，都需要攻克相应的物理效应模拟技术，形成工程化物理效应仿真设备，以其为核心组建半实物仿真系统。

第三，网络化、集群化、体系化制导兵器的发展带来仿真的革命性技术需求：应着重研究突破智能化弹药武器系统多弹/多平台网络协同制导/控制仿真技术，重点突破大规模集群网络化协同仿真技术、虚实结合仿真技术以及天－地组网协同仿真技术等关键技术；构建多弹种/多平台/多种作战模式的网络化协同制导仿真与体系化作战仿真平台，用于多弹种/多平台协同制导武器系统的论证、设计、研制、测试、仿真、定型、鉴定、部队训练、作战演习的全生命周期，支持多弹种、多体制、多平台的组网协同，为考核验证多弹/多平台网络化协同制导能力提供必不可少的试验验证手段。

第四，制导/气动一体化仿真技术对仿真方法、仿真设备带来新的挑战。制导/气动一体化仿真可根据导弹当前飞行状态实时控制风洞喷流速度与密度，将铰链力矩、飞行器结构颤振和下洗流所引起的力学畸变等非线性因素引入仿真回路，由传感器测量在控制面指令下导弹所受的气动力与力矩，更逼真的仿真环境使仿真的置信度进一步提高。将风洞试验融入半实物仿真试验，其涉及流体力学、控制、通信和机械制造等多个学科领域，是半实物仿真技术的一个里程碑。

第五，制导兵器复杂对抗环境适应性评估，需要物理效应仿真设备具有可控干扰模拟能力、红外高光谱段模拟能力、射频复杂环境模拟能力，同时需要提高精度和动态性能，并加强动态场景生成模型研究，改变依赖于国外场景生成软件的局面。模拟激光回波脉冲的偏振效应、高精度同步脉冲，可以测试激光制导兵器对复杂自然环境和对抗干扰环境的适应能力；红外高光谱段模拟设备，可以将常规的中波、长波光谱按照 0.1μm 的宽度分别控制该谱段辐射能量，达到模拟复杂战场环境下各种目标红外辐射能力的目的；复杂地形地物带来的毫米波目标环境复杂回波特性，需要相应的场景生成和辐射设备来构建仿真环境，测试与评估毫米波制导兵器复杂战场环境适应性。

第六，在总体测试技术发展方面，跨武器型号、跨武器平台的通用化测试是后续武器系统测试保障的发展趋势。要重点突破通用化集成测试平台开发技术，实现同一装备不同阶段之间或不同武器型号之间的测试设备的互联、互通、互操作功能，提高制导武器系统自动化测试水平，拓宽测试领域广度和深度，完善通用测试软件平台，开展信号智能适配技术研究，建立通用测试系统标准规范体系。

第七，在故障测试诊断技术方面，需要攻克导弹测试和数据采集技术、导弹测试数据自动判读技术，通过对测试数据分析判断其中含有的故障以及时排除故障、提高试验效率、保障制导兵器可靠运行，在健康管理技术方面，需要不断开发先进传感器和通信技术和信号处理技术，研究智能数据融合、推理技术和方法，以准确分析各种传感器数据，不断提高故障诊断与预测的可靠度。寻找先进并适合模型的健康评估与故障预测方法，从而更准确地描述故障随时间发展的趋势。

参考文献

［1］李伯虎. 2009—2010 仿真科学与技术学科发展报告［M］. 北京：中国科学技术出版社，2010，4.

［2］张海峰. 军用建模与仿真领域发展报告［M］. 北京：国防工业出版社，2017，4.

［3］孔文华. 国外军用仿真技术发展现状分析［C］// 2018 年仿真技术交流会论文集，2018，9.

［4］李伯虎. 建模与仿真技术词典［M］. 北京：中国仿真学会，2018，8.

［5］隋起胜，史泽林，饶瑞中，等. 光电制导导弹战场环境仿真技术［M］. 北京：国防工业出版社，2016，11.

［6］孙学功，刘璟. 多物理场耦合仿真简化方法研究［J］. 系统仿真学报，2015，27（6）：1165-1174.

［7］ 肖振，王国梁，潘红，等. 多物理场耦合的虚拟飞行试验系统研究［J］. 系统仿真学报，2017，29（9）：75-81.

［8］ 铁鸣，吴旭生，毕敬，等. 高超声速飞行器总体性能虚拟飞行试验验证系统［J］. 系统工程与电子技术，2013，35（9）：2004-2010.

［9］ 刘莉，王岩松，周思达，等. 考虑弹体弹性的导弹半物理仿真方法与影响分析［J］. 北京航空航天大学学报，2016：639-645.

［10］ Shearer C M, Cesnik C E S. Nonlinear Flight Dynamics of Very Flexible Aircraft［J］. Journal of Aircraft, 2007, 44（5）: 1528-1545.

［11］ Siemann M H, Schwinn D B, Scherer J, et al. Advances in numerical ditching simulation of flexible aircraft models［J］. International Journal of Crashworthiness, 2018.

［12］ Benjamin P. Smarslok*, Diane Villanueva†, and Greg Bartram†.Design of Multi-Level Validation Experiments for Multi-Physics Systems. 19th AIAA Non-Deterministic Approaches Conference 9 - 13 January 2017, Grapevine, Texas 10.2514/6.2017-1774.

［13］ Jason M. Jonkman etc. Development of FAST.Farm: A New Multi-Physics Engineering Tool for Wind-Farm Design and Analysis. 35th Wind Energy Symposium, AIAA SciTech Forum, （AIAA 2017-0454）.

［14］ Francisco Palacios, Juan Alonso etc. Stanford University Unstructured: An open-source integrated computational environment for multi-physics simulation and design. 51st AIAA Aerospace Sciences Meeting including the New Horizons Forum and Aerospace Exposition, Aerospace Sciences Meetings.

［15］ Yun-Min Lee etc. Progress on Developing a Multi-physics Simulation Platform: Rigorous Advanced Plasma Integration Testbed（RAPIT）. 2018 Plasmadynamics and Lasers Conference, AIAA AVIATION Forum, （AIAA 2018-2944）.

［16］ 王赟，蔡帆. 国外武器装备体系仿真技术综述［J］. 兵工自动化，2015，34（7）：15-20.

［17］ 刘金，周振浩，等. 一体化实时仿真平台技术的发展与展望［J］. 导航定位与授时，2015，2（1）：66-71.

［18］ 王霞，汪昊，等. 红外场景仿真技术发展综述［J］. 红外技术，2015，37（7）：537-543.

［19］ 刘菊红. 飞机飞行控制系统仿真平台建设［J］. 飞机飞行控制系统仿真平台建设，2013，3（3）：135-137.

［20］ 花新峰，武炜. 测试转台研究现状及发展趋势［J］. 科学论坛，2015，240（1）：13-18.

［21］ 吴玉华. 惯性测试转台的发展状况［J］. 中国科技信息，2005，8（27）：237-239.

［22］ 李宁. 组合导航系统仿真平台的设计与实现［J］. 计算机工程与设计，2014，35（3）：981-984.

［23］ 侯靖波. 某型三轴仿真转台伺服系统的设计与实现研究［D］. 哈尔滨：哈尔滨工业大学，2007.

［24］ 侯博，谢杰，刘光斌. 卫星信号模拟器的发展现状与趋势［J］. 电讯技术，2011，51（5）：127-131.

［25］ 朱晓勤，张翔. 多模复合制导半实物仿真系统设计［J］. 弹箭与制导学报，2003，33（5）：71-74.

［26］ 李树盛，魏清新，等. 基于导弹总体效能的设计试验保障一体化测试技术［J］. 计算机测量与控制，2013，21（6）：1412-1414.

［27］ 程鹏. 飞航导弹控制系统故障诊断专家系统研究［D］. 哈尔滨：哈尔滨工程大学，2012.

［28］ 岳铁林. 通用遥测数据处理平台及外弹道估计方法研究［D］. 哈尔滨：哈尔滨工程大学，2012.

［29］ 季鹏辉. 挂飞记录控制器的设计与研究［D］. 太原：中北大学，2014.

［30］ 张宝珍. 综合试验与评价策略及其在美军武器装备研制中的应用［J］. 测控技术，2007，26（3）：8-10.

［31］ 张宝珍. 国外军工试验与测试技术发展动向分析［J］. 计算机测量与控制，2009，17（1）：1-8.

［32］ 张嘉展. 在保障过程中的某型导弹故障诊断专家系统［J］. 航天控制，2012，30（6）：78-82.

［33］ 邵云峰，彭涛. 地空导弹综合测试技术发展及展望［J］. 现代防御技术，2012，40（5）：1-7.

［34］ 刘平安，刘满国，周帆，等. 3mm双圆极化收发变频组件设计研究［J］. 弹箭与制导学报，2016，36（1）：31-34.

制导兵器试验测试与评估技术发展研究

一、引言

试验测试与评估技术是在真实、模拟或虚拟条件下，对军工产品系统、分系统、设备、部件或其等效模型的功能、性能等进行测试与验证的研究过程和评价的技术，是缩短装备研制周期和发挥武器作战效能的瓶颈技术和关键环节，是评定武器装备产品是否合格、是否达到规定战术技术指标要求、确保在体系对抗条件和复杂作战环境下装备实战适用性的重要手段，对提升军工产品关键技术攻关能力、释放型号研制的技术风险、确保装备质量、提高战备完好率和装备保障效率具有决定性的作用。

对于制导兵器试验测试与评估工作重点围绕试验测试与评估理论方法、弹道测试技术、虚实结合试验与评估技术、对抗干扰测试评估技术和毁伤测试与评估技术展开。制导兵器试验测试与评估技术发展能够有效保障制导武器装备的快速研发，能够提升制导武器装备的生产质量可靠性，能够有效地保证国防军工核心技术的自主化能力，对于在役武器装备和新型武器装备的定型考核、作战试验、在役考核具有重要意义。

二、国内的研究发展现状

（一）制导兵器试验测试与评估理论

制导兵器试验测试与评估的目的主要包括以下三个方面：

一是考核武器性能指标的符合性。以战术技术指标与作战使用要求为依据，运用现代统计理论以及试验技术，达到性能考核科学、全面覆盖。

二是评估武器体系的适用性。以装备体系间的适配性、环境的适应性以及系统可靠性为评估重点，以靶场环境模拟试验能力提升为根本，评价武器系统的适用性。

三是揭示武器系统能力的极限性。以武器体系威力、作用距离以及机动能力为重点，通过数据分析与挖掘技术、仿真技术，揭示产品固有能力，为武器系统科研改型和部队使用服务。我国已编制完成了反坦克导弹定型试验国军标，创建了我国第一套制导武器试验鉴定理论技术体系"现代试验鉴定理论与技术研究"，该理论先后成功应用于多型高价值武器装备试验任务，实现了小样本条件下对武器性能的科学评定。

经过多年发展，国内制导兵器试验测试理论与方法最新发展主要有：

一是建立了以序贯网图检验理论为代表的制导武器试验评估理论系统。在第一代反坦克导弹试验阶段，在试验总体设计与评价上，采用的是从苏联引进的试验技术和方法。随着制导技术密集和高价值化的发展，试验样本量的问题越来越突出，传统的统计检验理论是通过大样本建立的，利用序贯网图方法创建了高新技术制导武器装备试验设计和毁伤效能评估体系，较好解决了高新技术制导武器装备系统集成复杂、技术密集、价格昂贵、样本量小和确保试验质量之间的矛盾，标志着常规制导武器试验理论和方法的根本转变。

二是形成了制导武器关键技术试验测试评估技术体系。制导武器是包含多项技术的综合体，以试验测试评估理论为基础，结合典型型号任务需求，以反坦克导弹为例，形成了试验总体方案优化设计技术、抗干扰试验技术、可靠性试验与故障分析技术、制导光学系统试验技术、武器火控系统试验技术、复合光电侦察装备系统效能评估技术、多目标弹道测试技术等试验技术和试验方法。配套建设了多种模拟靶标，对制导武器开展了多种干扰源技术研究，形成了涵盖弹药、武器平台、武器系统、新概念武器等科研试验的核心能力体系，有力保障了制导兵器和新型武器装备科研试验需要。同时，建立了完善的制导武器试验测试、鉴定设备设施和测试评估技术体系。

三是形成了实弹与仿真相结合的制导武器试验评估技术标准体系。制导武器装备造价越来越昂贵，试验的样本量越来越小，带来试验鉴定风险显著偏大，仿真试验、模拟试验为解决这一问题提供了很好的途径。仿真试验次数不受限制、试验信息量大、消耗低，与实弹射击试验相结合是减少试验样本量，提高试验置信度的重要手段。

（二）制导兵器虚实结合试验与评估技术

虚实结合试验验证技术是一直贯穿于军工产品研制全生命周期中，以数字化模型和模拟设备为主，在逼近真实试验环境中对复杂产品的功能和性能进行验证与评价，在虚实结合的试验验证环境中，结合武器装备全生命周期研制过程中对系统级以上试验验证需求，开展由虚拟模型与环境、实物试验设施或半实物模拟系统组成的多系统联合试验验证的系统集成验证技术。虚拟试验技术与一体化综合试验验证可以有效克服实物试验的局限性，显著缩短研制周期、降低技术和项目风险及研制成本，从而提高试验的安全、效率和效能，已成为与实物试验并举的一种新的试验形式，可以弥补实物试验的不足，支持试验与评价工作。

制导兵器虚实结合试验与评估技术主要指制导兵器完成总装集成后在外场通过等效飞

综上所述，国内靶标与毁伤模拟等效技术方面，侧重于从战斗部威力设计的角度出发，研究目标易损性、等效靶建模方法和毁伤模拟的试验测试与评估方法，并且开展了大量基础技术研究，构建了相关试验设施设备，积累了一定技术基础，有效地服务制导兵器的研发工作。

（三）制导兵器弹道测试技术

制导兵器能够适应多种类型的发射平台，如单兵发射、轻型车辆发射、坦克装甲发射、火炮发射、舰载发射和空中平台发射等。由于制导兵器在飞行过程中具有自主调节能力，因此制导兵器弹道测试主要以外弹道测试为主。外弹道主要是指弹丸离开身管／发射平台后，直到着靶毁伤前的飞行弹道，按制导兵器实战化考核要求，弹道全要素参数主要分为目标的运动特性参数、环境与目标的电磁波谱特性参数两大类，运动特性参数主要包括：位置、姿态、速度、加速度以及关键事件记录等，电磁波谱特性参数主要包括：谱段、波长、波数、能量等。

制导兵器初始段飞行时间较短且速度变化剧烈，初始弹道会受到各种各样的干扰偏离预定弹道，这种偏差对于近射程导弹的命中率是不利的，甚至影响发射平台的安全性。从载机上发射弹箭时，弹体处于载机复杂干扰流场中，会影响制导兵器的初始弹道和命中精度，为了有效击中目标，需对发射初始阶段弹体姿态和运动轨迹进行测试，目前已经开展了初始弹道高速摄影测试技术、雷达测试技术、光幕靶测试技术、天幕靶测试技术、弹载记录测试技术、弹载参数测试技术、地磁等传感测试技术的研究，能够测试初始速度、加速度、姿态、滚转角等参数。

制导兵器中段飞行弹道测试技术以大型靶场测试为主，利用天、空、地精密测量网和遥测监控网，实现对外弹道全要素参数的试验测试。目前我国在大型外场弹道测试理论与方法、动态试验测试设施与条件建设以及飞行外弹道试验测试评估技术等方面取得了很大的发展，基本能够满足现有制导兵器的外场飞行试验测试、性能考核试验和作战鉴定试验等测试评估要求。

制导兵器末段飞行弹道测试技术以光测技术为主，通常采用远距离无人值守高速摄影系统测试飞行弹丸与目标交汇前的状态参数，主要包括弹丸着靶速度、姿态、攻角、引信作用的时序等。

"十二五"以来，新增弹道测试设备包括数字阵列雷达、大口径姿态测量光电经纬仪、终点弹道高速摄影系统、抗火光烟雾激光高速摄影系统、水下发射武器位置姿态参数测试系统、远程多通道遥测系统等大型靶场专用测试测量设备，形成了全弹道坐标测试能力和复杂环境关键段姿态测试能力。

弹载遥测是实时获取制导兵器内部信号的唯一手段，可为弹药的性能鉴定提供依据，可有效地补充目前的光测和雷测系统的不足，可测试弹药飞行过程中内部多种制导参数。

遥测是获取试验数据、确保试验安全、提高试验效率、缩短试验周期的重要手段，它不但是试验是否成功的鉴定手段，而且是寻找故障原因的诊断手段。近 5 年来遥测取得的主要成果有：针对制导弹药对遥测的大容量、高速率、远距离传输及极端恶劣环境适应性等方面的应用需求，突破了大容量远距离遥测传输技术、小型化耐高过载遥测技术、多目标遥测等应用关键技术，实现了高速高旋转高过载、存遥结合、小型化嵌入式、中远程制导火箭等弹载遥测系统的工程化，满足火箭弹、航弹、炮弹及导弹等不同类型、射程和应用领域的弹药，遥测距离最远达到 600km、弹道轨迹测量精度 5m、可实现 3~5 个目标的同时遥测。

随着制导兵器的快速发展和弹道测试技术研究的不断深入，我国制导兵器动态试验能力和外场测试考核能力快速跃升，已经形成外场全弹道组网测量模式，具备了光测、雷测、遥测机动快速组网、信息实时共享、弹道接力测量和数据融合处理能力，可实现 200km 射程的全弹道外测、遥测和实况影像记录。高新技术武器的不断发展，促使着弹道测试研究工作重心的转移，弹道测试正逐步向远距离、全弹道、高精度、高速海量数据采集、图像数字化以及数据综合分析的方向发展。

（四）制导兵器对抗干扰测试技术

制导兵器目前的主要制导方式有激光半主动制导、激光驾束制导、电视制导、红外制导、毫米波制导等，已经在我军各种武器系统中得到了广泛的应用，也取得了良好的效果。但是，随着未来战场上制导与反导形势日趋复杂，战场环境日趋恶劣，鉴于制导兵器的精确性和高效能，使其成为电磁对抗装备的主要干扰对象之一。为了提高制导兵器的战场生存能力，国内开展了大量不同制导模式制导兵器的制导规律测试技术和复杂环境对抗测试技术研究。

1. 不同制导模式制导兵器试验测试技术

针对不同制导模式制导兵器的特点，国内开展了相关测试技术试验方法研究，有针对性地开发了多种试验测试设备。

激光制导武器有激光半主动制导和激光驾束制导，主要依赖激光照射指示系统，完成导弹的指引，指示光斑的质量直接决定了导弹的命中能力。通过研究形成了激光制导武器末端参数综合测试技术，主要包含激光光斑测试方法与激光编码参数测试方法两部分，激光光斑测试主要用于激光制导武器打击中，对激光照射装置的照射位置、光斑形状等参数进行测试，激光编码参数监测主要用于半主动制导编码的准确性测试以及激光驾束制导空间信息场编码测试，该检测系统具有静态目标和动态目标两种测试模式。

针对人眼不可见波段的毫米波制导，通过可视化随动系统、伺服系统、无线传输系统以及挂飞装置等其他辅助设备，构建车载、机载等环境下的毫米波导引头动态验证系统。该系统可将导引头搜索、跟踪目标的过程清晰成像，直观显示导引头的整个工作过程，同时利用数据采集装置和图像存储设备保存关键参数，试验完成后对导引头的跟踪性能进行分析处理。

针对电视制导、红外制导等图像制导形成了外场制导性能试验测试规范，通过目标红外特性测试技术、环境监测技术、地形地貌成像技术，目标特性数据库等研究，实现了图像制导兵器的外场试验测试与评估，其他 GPS 制导、惯性制导等制导方式也在型号研制过程中开展了相关测试评估技术的研究。

2. 复杂环境抗干扰测试技术

制导兵器的作战效能容易受到复杂实战环境的干扰，尤其是复杂电磁环境干扰，复杂电磁环境指一定的空域、时域、频域上各种纵横交织、密集重叠、功率分布参差不齐的自然与人为的电磁活动，复杂电磁环境是在一定空间内对制导武器有影响的电磁活动和现象的综合。

复杂电磁环境中典型干扰技术主要包括：无源干扰，无源干扰主要包括烟雾干扰和无源假目标干扰；有源干扰，主要包括典型激光干扰（激光欺骗干扰，激光压制式干扰，激光高重频干扰等），典型红外干扰（红外诱饵弹，红外假目标），典型毫米波干扰。

（1）激光制导武器典型干扰试验

激光欺骗干扰试验：激光有源欺骗干扰主要通过角度欺骗，截获激光目标指示器的信号进行复制，形成激光有源假目标，将激光精确制导武器诱偏至假目标。

激光压制式干扰试验：压制式激光干扰可分为损伤光电传感器为主的激光致盲干扰和具有摧毁能力的战术激光武器两类。激光致盲武器是利用高亮度激光束干扰或破坏人眼视觉和各种武器装备中的光电传感器的战术武器。

高重频激光干扰试验：高重频激光干扰是以很高的重复频率使干扰脉冲强行进入波门内被导引头接收，将激光制导武器引向假目标。这种干扰方式的优势是干扰时无须知道对方制导信号的重复频率和编码码型等制导参数就能进行有效的干扰。

（2）红外制导武器典型干扰试验

红外诱饵弹试验：用于干扰各种红外制导导弹，主要有特种材料自然式红外诱饵弹、多光谱红外诱饵弹、复合式红外诱饵弹、可燃箔条弹以及面源型红外诱饵弹等。典型的有机载红外诱饵系统，用于诱骗攻击的红外制导导弹。

红外假目标试验：构建红外假目标对红外导引头进行诱骗干扰，通过对目标外形的逼真模拟，对目标发热的重点部位采用外界加热的方法，进行局部温差控制，可以达到对静态目标热辐射特性的模拟。

（3）毫米波制导武器典型干扰试验

针对毫米波制导模式的干扰方式主要有利用毫米波干扰源发射与武器制导源波长相同的毫米波信号以及利用毫米波假目标等。毫米波有源干扰主要分为阻塞性干扰、瞄准性干扰。阻塞性干扰主要采用噪声调频干扰源，对准毫米波制导武器所在位置实施大功率的噪声调频干扰。瞄准性干扰主要采用函数调频干扰技术，由干扰机瞄准毫米波武器系统的工作频段，对其实施干扰。

为了模拟贴近实战环境，需要构建合成环境，分别从空域、时域、频域和能域等方面进行合成及模拟。合成的原则为相关干扰环境合成，即针对某种制导模式，只进行对其有干扰效能的相关干扰环境合成，合成过程中，可对干扰环境的关键参数进行设置，参数设置的依据主要是可获得技术参数的外军以及国内已列装的相关干扰系统的技术、战术指标、使用模式。

目前相关复杂环境合成的试验实施方法有如下方面：

激光半主动制导模式主要干扰合成包括激光角度诱偏干扰、高重频阻塞干扰、烟雾干扰；红外图像制导模式干扰主要包括红外烟雾干扰、红外诱饵干扰、红外假目标干扰；毫米波制导模式干扰主要包括烟雾干扰、毫米波主动干扰源干扰、毫米波假目标干扰；毫米波／激光复合制导模式干扰主要包括激光角度诱偏干扰、高重频阻塞干扰、烟雾干扰、毫米波主动干扰源干扰、毫米波假目标干扰。

智能化制导弹药武器系统复杂环境抗干扰性能评估是指对各种干扰手段作用时所产生的干扰、损坏或破坏效应的定性或定量评价。对于不同的试验方法、配试干扰源、抗干扰效果、检测指标、可试验次数以及可获得的试验数据量都可能不同，相应地，适用的抗干扰性能评估指标和抗干扰效果等级划分标准一般也不同，即有不同的抗干扰性能评估准则。

（五）毁伤测试与评估技术

制导兵器精确打击已成为当前战争的主要作战模式，而精确打击不仅体现在"精确命中"上，更体现在"精确毁伤"上。在军事演习或实战过程中制导弹药击中目标，其毁伤元如高速破片、射流、冲击波或高温等是毁伤目标结构、舱室人员设备最直接的因素。开展弹药动态毁伤测试与评估，是掌握精确制导弹药在实战条件下对目标毁伤能力的新途径。目前国内尚无系统开展弹药动态毁伤测试与评估的记录。因此，研制和开发动态毁伤测试与评估系统，结合军事演习训练，大量获取弹药动态毁伤数据，对完善毁伤模型、目标防护改进、弹药（战斗部）的设计、武器合理使用以及编制弹药效能手册都具有重要意义，同时也是提高我军作战水平和能力，实现"能打仗、打胜仗"不可或缺的重要技术途径。

1.毁伤元测试技术

制导兵器既要解决打的准的问题，更要解决能否对目标造成致命毁伤的问题，制导兵器引战配合以及毁伤元毁伤威力的测试评估是衡量制导兵器作战能力的重要方法。

制导兵器毁伤元包括破片、冲击波超压、温度等，毁伤元测试主要以静爆测试为主，定量测试各种毁伤元的威力情况，通过在战斗部周围不同距离布设多种测试设备和靶标完成测试，毁伤元测试也应关注弹药引信测试和引战配合性能测试。

引信作为弹药系统的核心控制单元，引信与战斗部的密切配合才能发挥制导兵器的作战能力，制导弹药根据作战意图不同，对引信的要求也不同。在引信的动态试验测试技术领域，突破了火炮发射环境动态模拟试验、火箭弹主动段环境动态模拟试验、高速飞行弹目交汇试验与信号采集回放、微波无线电引信半实物仿真与综合性能测试、外场动态考核产品的火箭试验弹、低成本火箭橇、高达 10 万 G 的存储测试等关键技术，其中研制的高可靠弹载存储测试记录器，在体积、存储量、数据分辨率上优于美国相关产品，已广泛应用于海、陆、空、火箭军等上百项型号研制引信的测试任务，有力保障了武器装备研制，为引信的动态试验和性能评估提供了重要支撑。

（1）破片场测试技术

破片的数量和质量分布规律研究可通过破碎性试验法进行研究。破碎性试验可采用砂箱法进行，也可采用水井法开展，该试验方法通过回收各发破片，按发称量自然破片的重量，统计出各级破片的数量、重量和破片回收率，靶标材料选用标准松木靶或标准钢板靶，测试破片的穿透能力和穿透深度，评估战斗部的破片场威力。

运用激光照明的高速成像技术解决战斗部爆炸瞬态过程记录，通过交汇测试完成爆炸瞬间立体成像，并通过图像处理方法对多破片进行空间识别、检测、追踪以及立体匹配重建，获取更为精确的破片质量、几何形状以及速度信息的参数和威力场数据。

多破片激光测速系统突破大靶面激光光幕，高速高灵敏度光电检测、恶劣环境下强干扰抑制、破片参数测试专用数据处理等关键技术，实现多破片或破片群飞行速度的非接触光电检测，采用多套激光测速主机可测试不同距离、不同方位上的多破片速度，并可研究破片弹道衰减规律，亦可拼接形成一堵"光幕墙"实现大面积范围内破片测试。

（2）冲击波超压场测试技术

战斗部对目标（如舰船、坦克装甲车辆、建筑工事、人员等）的毁伤作用经常是发生在爆炸近场范围内，其瞬间压力可达 GPa 量级，作用时间在微秒量级，破坏力极大，如果爆源距离目标超过爆炸近场的范围，其破坏力主要是冲击波超压的作用，因此冲击波超压测试是爆轰物理的重要测试项目，其压力特征参数是评价战斗部或武器弹药毁伤威力的重要参考依据。冲击波超压测试系统利用在靶标上或靶标周围布设的压力传感器测试节点，对弹药战斗部爆炸后的超压场进行有线或无线通信方式数据采集、分析和超压场重建，获得不同测点上的冲击波超压特征参数，如超压峰值、正压作用时间、比冲量等。

冲击波空间分布试验通常由电测法、光测法、效应靶方法共同完成。电测获取战斗部冲击波毁伤威力场参数，包括冲击波作用的强度和范围、作用时间－空间分布等情况，即不同半径处冲击波超压及其与距离的变化规律、冲击波冲量及其与距离的变化规律、冲击波作用于目标的载荷参数。

激光高速摄影光测法可获取冲击波作用方向、冲击波阵面形状、作用时序等参数，尤其在近场，冲击波场威力圈呈现不规则形状，可实时记录冲击波形成及变化过程，通过图像分析软件计算处理多幅连续摄影图像，得到冲击波分布规律。

压力效应靶测试方法通过将冲击波作用与机械结构响应之间建立耦合关系，以机械结构变形形式直观反映冲击波毁伤威力。效应靶基于一定毁伤准则和结构动力学，设计满足一定频率、不同结构的金属薄膜靶，通过靶体的变形计算冲击波参数，并表征冲击波超压对硬目标的作用效果。

（3）温度场与爆炸火球大小测试技术

新型高能高毁伤武器如温压弹爆炸伴随高温高压和高速气流，常规方法难以测量其温度。关于温压弹的热毁伤效应，通常用爆温作为评价炸药性能的参数。爆温可直接用于评价药剂性能，同时也是研究爆炸过程热传导、热辐射以及温度分布规律的基础。由于温度高、作用时间短、伴有高压或高速流动，常为不可重复的一次性过程，测试条件非常恶劣。因此，温压炸药爆温是爆轰参量中最难测量的一个参量。

非接触法测温由于不接触被测目标，所以不会破坏其温度场，温度场的分布不会被干扰，也可以测试爆炸火球的大小和演变过程，但是非接触法测温因为是基于许多理论方程，一些相关的物理量比如辐射系数等我们很难针对不同的场合得到精确值，而且辐射法得到的往往是温度场内的平均值，这一点上不如接触法。因此，目前较为可能的方法是非接触测温和接触法测温两种方法组合完成。在爆炸火球内部的热效应参量主要包括热流密度、爆炸火球内部温度及其热阻抗，选用热容式和面型两种热流密度传感器，采用接触式测试方法对爆炸场热流密度进行直接测量，采用多模法来测量火球的热源温度、热阻抗。温度响应温度测试采用快速响应热电偶。非接触测试技术主要有单波长测温法、双波长比色法、宽波段热像仪法、拉曼光谱法和多波长测温法等，可测试火球大小和温度场分布以及其随时间和空间的演变过程。

（4）其他新概念武器毁伤测试技术

新概念武器以其独特的工作原理和杀伤机理，在战场上能大幅提高作战效能，目前正在预研的电磁轨道炮、多级侵彻弹、潜射导弹、毁伤可控弹药和反电力网络导弹等，由于特殊的发射环境、弹道特性和毁伤机理，很多基础性技术问题如复杂极端环境（水下、强电磁、强火光、浓烟）测试技术等没有得到有效解决，随着各单体、分系统乃至全系统的深入研究，以及武器系统型号陆续装备部队，必将推动新概念武器系统测试技术的全面发展。例如，多级侵彻战斗部是近年来发展起来的一种新型战斗部新技术，主要对付坦克反应装甲、复合装甲、混凝土工事和机场跑道等军事目标，战略意义重大。多级侵彻战斗部研究刚刚起步，探索研究工作任务艰巨，试验测试有大量工作要做，有效测量评估多级侵彻战斗部终点的毁伤效能对战斗部优化设计和毁伤效能的提高至关重要，目前采用 ASIC、SOC 技术研制的微小体积、低功耗、抗高冲击的弹载记录仪（黑匣子），可用于测试弹箭发射、飞行、着靶（土靶、混凝土靶、钢板靶）过程中加速度、结构应力、飞行姿态及其他弹上参数，但随着制导弹药毁伤威力不断增大，目前的测试手段和方法已不能满足新型制导兵器高效毁伤测试的需要。

2. 实战动态打击效果测试与评估技术

为满足实战动态条件下武器作战性能鉴定和大规模军事训练的实战化试验测试需求，实现武器系统全方位多批次攻击、高密度发射条件下弹药弹道参数、着靶参数及多毁伤元参数的快速测试和毁伤效能评估，自 2015 年以来，由国内多家单位参与的弹药动态毁伤效能测试评估团队多次对实弹实战研练及军事演习进行技术保障，形成了初步的实战动态打击效果测试评估能力。

实战条件下，多数目标（靶标）为移动目标，要求测试系统能够快速机动响应，并且快速获取准确的毁伤元数据。各测试系统需要协同配合（飞机预警探测、机弹分离捕获、弹药弹道测试与预测、终点弹道参数测试、冲击波破片等毁伤元测试），形成完整的系统测试网络。

国内对远程精确制导弹药，利用其高精度命中的特点实现了动爆毁伤威力场测试与评估，主要进行了动爆威力场测试及杀爆弹药对模拟油箱、人员和装甲车辆等等效目标的毁伤效应试验研究。研究发现实战动爆毁伤威力场与静爆威力场有明显的不同，通过高速摄影测试得到制导弹药末端的落速、落角以及炸高，运用地面布设金属网或帆布的方法结合立靶测量得到了破片在地面的作用区域为"马鞍"形，通过试验现象分析发现制导弹药动爆条件下制导舱破碎产生大量碎片，地面并非发生理想条件下的"中心空"现象；运用压力传感器，测量动爆条件下不同距离处的冲击波压力；通过（钢板、松木板以及钢板与可燃物构成复合结构的）立靶测试方法确立杀爆弹动爆条件下的毁伤面积，为弹药动爆威力评估提供了基础数据。

三、国内外发展对比分析

（一）试验测试技术国内外发展对比分析

1. 国外靶场试验测试技术发展现状

美军试验测试与评估水平目前为国外最发达水平，其发展历程是一个适应装备发展要求，吸收创新思想，应用信息技术的发展过程，也是一个不断改进、完善、提高的过程，这些特点主要为：

（1）试验模式从基于节点的试验向基于过程的试验转变

这是一种一体化试验的思想，是把研制试验、作战试验、实弹射击试验、互操作性试验、建模和虚拟仿真活动协调成为有效的连续体，力争一次试验获得多个参数，从传统的"试验－改进－试验"方法向"建模－仿真模拟试验－改进模型"的迭代过程转变。

（2）试验技术手段从实体试验向虚实结合转变

从 20 世纪 90 年代开始，美陆军依托红石试验中心建设了多个涵盖红外、可见多个波段的半实物仿真试验设施，在导弹的研制过程中，虚拟试验的比例逐渐增加，减少了实弹试验数量、节省了大量经费，缩短了研制周期。

美国自 2000 年以后，构建了多个大型真实、虚拟和构造（LVC）分布式试验系统，采用虚实结合的试验手段，基于试验与训练使能体系结构（TENA）构建联合试验系统，提高了互操作性和虚拟试验能力，把虚拟结合技术和实物试验系统间的交互能力提高到一个新的水平。目前美国在大型复杂联合试验系统中已经基本形成了以 TENA 为逻辑中间件平台，与物理网络平台连接的试验与验证体系，仅在 2011—2012 年美国基于 TENA 就开展了 13 个大型虚实结合的联合试验，到 2013 年的红旗军演都已经采用 TENA 作为标准中间件进行演习。

（3）试验环境从平台为中心向网络为中心转变

未来信息化条件下的高技术战争是体系与体系的对抗，试验测试要考核作战体系的整体功能，必须借助网络化试验、测试与鉴定技术在逼真环境下像作战一样进行试验测试与评估。美国以 JMETC 和 IT&E 为代表的综合试验验证体系框架为指导，开展了多个联合试验演练，对武器装备在复杂环境下的作战能力进行了有效的考核，虚实结合的技术应用范围更加深入，并且验证了许多试验领域的新技术。

美国目前的大型试验平台均是在"联合作战"和"网络中心战"背景下开展，重点考核武器装备在大体系中的作战性能与效能的发挥程度，一体化联合试验已经成为大型试验系统和联合试验系统的基本要求。

（4）试验对象从单件装备向装备体系转变

进入 21 世纪以后，美军试验测试靶场的信息化建设进入组织严密、计划全面的纵深发展阶段，利用信息系统将各军种、各领域的信息化建设纳入统一的整体建设过程中，开展网络化和一体化建设。美国陆军未来靶场武器试验测试验证体系结构中，实现了各种信息系统之间以及武器系统、试验测试系统与信息指挥系统之间的实时交联，提高了武器系统的智能化水平和网络化协同作战试验测试与评估能力。

美国陆军未来武器靶场验证中心未来武器系统试验验证的组成与最新成果，展示了某三模制导导弹的毫米波制导分系统可对复杂背景下的小目标进行成像识别，并对多种弹载智能信号处理技术进行了验证，包括干扰剔除与障碍物规避等先进技术；展示了某小型导弹可在薄雾中对目标进行图像增强并进行三维成像识别，导弹可大范围搜索目标，同时导弹采取了杂波抑制、干扰对抗、地形跟随与障碍物规避等技术措施；通过试验测试系统的智能化网络化建设，可将包括模拟仿真试验系统、抗干扰试验系统、飞行控制试验系统、捷联惯导试验系统、多种导引头试验系统等十多种测试与验证系统的数据发送到信息化中心进行统一处理评估与决策。

2. 国内现状与差距

随着我国智能化弹药目前呈现大射程、超视距、超音速、高精度以及型号任务的多样化等特征，给制导参数测试带来了新的挑战和发展机遇，也对其提出了新的更高要求。

经多年建设和不断发展，我国已建立了较为完善的制导武器试验测试评估设备设施体系，建设了满足反坦克导弹试验需求综合试验阵地和升空平台试验区，配套建设了固定钢板靶、红外靶标、激光漫反射靶标、机动试验靶道、靶车和空中靶标，较为逼真地模拟了导弹的作战对象；将烟尘干扰、火光干扰、焰云干扰、激光诱偏干扰等干扰条件加入了试验之中，尽可能多样地实现了对制导武器正常工作形成影响的战场干扰源；建设了高低温度试验、湿热试验、振动冲击试验、低气压试验设施，尽可能准确地模拟了引起发射平台和导弹工作可靠性下降的环境条件；引进和研制了一系列光测、雷达、遥测等测试设备，实现了全弹道坐标测试能力和关键段姿态测试能力；具备了在高原地区和沙漠地区考核制导兵器性能的能力；初步形成了信息化的组织指挥模式，形成了以一体化管理、集中指控、综合指显为主体的多级联合式试验组织指挥模式，逐步建设了配套完善、搭配合理的专业岗位和人才队伍，培养出一批制导兵器靶场试验与评估实用型人才。国内外主要差距表现在以下几个方面。

（1）测控网远程覆盖、并行任务保障和信息化指控能力方面

目前我国信息化综合集成试验技术水平有待提高，试验测试与评估信息化程度、试验效率，试验成本管控，试验周期控制，尤其是远距离高超速靶测控技术等方面亟待发展。

（2）实战化考核提供的科学评价信息要素方面

产品/目标/环境模拟试验平台技术水平，试验弹及火箭撬等模拟验证平台和靶标、靶机等目标模拟试验能力等方面，距适应实战的对抗环境、恶劣自然环境模拟的逼真度仍有发展空间。

（3）开展体系试验和试训综合保障的技术条件方面

目前主要为单系统性能考核试验，多系统一体化体系对抗试验场试验测试技术刚刚起步，体系对抗试验理论、试验方法、测试手段、评估标准、试验保障设施条件等方面急需开展研究。

（4）跨区域联合测试评估能力方面

美军已实现海上靶场、陆地靶场和空中靶场的联合打击测试，并结合实际战争开展武器试验测试与评估工作，我国跨区域试验测试与联合试验评估的能力以及试验信息融合评估技术有待提高。

（5）复杂战场环境构建能力方面

面向实战的复杂靶场测试技术刚刚起步，相关对抗干扰设备设施、等效靶标、模拟电磁环境也在逐步构建，距离模拟构建贴近真实的复杂战场环境仍有大量研究工作需要开展。

（6）虚实结合试验测试与评估方面

美国已将虚拟结合试验测试与评估技术应用到多个大型联合试验，试验测试评估水平达到了新的高度，我国制导兵器试验测试已经从重实弹试验向虚实互补试验方向发展，大

量的虚拟仿真技术、模拟等效技术、半实物仿真技术应用到试验测试与评估方面，但虚拟模型置信度，等效手段准确性，虚实结合关联性等方面仍需研究。

（二）制导兵器对抗干扰测试技术国内外发展对比分析

1. 国外技术发展现状

（1）制导兵器测试方面

国外在智能弹药研发过程中，非常重视智能弹药制导参数在不同研发阶段的集成测试与试验验证的作用，建立体系完整、功能齐全的系统集成与验证技术研发条件，针对智能弹药动态飞行试验的测试需求，进行飞行试验多参数一体化集成测试。如美军典型制导兵器"长弓海尔法"导弹，制订了系统集成阶段和飞行试验阶段的多参数集成测试方案，该方案在系统总体组装集成测试时，充分考虑了各个分部件的电气和接口匹配问题，同时也考虑了气动力、导引、控制、目标特性、自然环境与电磁环境等对系统集成后整体性能的影响，在实际飞行阶段，对飞行弹道、控制回路参数，目标特性等测试，能对整个系统的技术可行性进行充分试验验证，使"长弓海尔法"成为一款很成功的导弹。

世界各国围绕各自的武器装备需求发展试验测试技术，其中美国的发展最引人关注，美国作战试验与鉴定局指出"作战试验的目的是确保陆海空三军能够装备在作战时可正常工作的武器，作战试验必须在逼真的作战环境中完成，包括武器系统典型的作战场景、真实的'敌军'，而且被测系统要由最终用户（士兵）而不是承包商的工作人员操作"。

（2）制导兵器复杂环境对抗干扰测试方面

针对制导兵器战场使用的增多，各国十分重视干扰技术的研究和应用，投入了巨大的人力和财力，并有相当多的干扰设备装备部队，美国也已经建成了智能弹药抗干扰性能试验测试中心。像作战那样逼近实战环境进行武器系统适应性试验，已成为制导兵器试验与测试技术领域发展的必然要求。美国对军工试验验证能力的进一步提升给予了高度重视，专门成立了国家级试验资源管理机构，制订试验验证资源战略规划和三大投资计划，通过超前、持续和长期的投资，使其军工试验验证能力能够全面满足先进制导武器装备作战鉴定需求，确保了其世界领先地位。美国政府工作报告（ADA243367）中就强调："应把电磁环境效应和每个武器系统的维修计划与集成化后勤保障计划放在同等重要的地位。"为适应跨武器平台联合作战和网络化战争背景下的小型智能化武器装备体系化发展的新需求，从早期的常规的对用频设备的频谱管理，到全球化战略提出的电磁环境效应，再到将电磁作为一种攻击武器，美军对电磁环境效应的认识也是不断深化，提出全寿命期电磁环境效应问题（The E3 Life Cycle Process，注 E3：Electromagnetic Environmental Effects）。

美军和英军特别注重其武器系统的复杂环境适应性、天候适应性、电磁与光电环境适应性，其装备上均采用了特殊的杂波、干扰对抗手段，已使其武器系统能够"清晰感知"自身所处环境进而获取准确的目标信息。武器系统复杂环境抗干扰性能的试验测试已经成为评估武器系统作战效能的关键。

美国陆军导弹试验研发试验中心在红石试验靶场针对未来智能化制导武器的发展趋势和面临的复杂干扰环境，为了提高智能制导导弹的研发与试验需求，建立了一套智能弹药复杂环境半实物仿真电子与光电对抗试验测试设备。该系统可以模拟 Ka 波段、半主动激光和中波红外的对抗场景，对小型智能化弹药进行抗干扰测试，同时可用于制导导弹的先进多谱仿真、试验与验收。白沙导弹靶场建设的虚拟战场环境设施能模拟作战环境中的己方、敌方或者民用信号，可以在 0.5GHz~18GHz 频率范围内模拟 1024 个雷达辐射源，在 0.5MHz~2000MHz 频率范围内模拟 32 个通信辐射源。

美国在复杂战场环境的构建和模拟试验与测试方面达到了实战应用水平，形成了一套体系标准，并且已有多个复杂战场环境仿真中心投入使用。同时，各国为了增强对制导兵器在复杂环境中光电对抗能力，综合利用了各种光电对抗技术，研制出新的光电对抗系统和光电对抗体制，利用多波段光电侦察告警装置和主被动光电压制、干扰装置的组合，来构成综合光电对抗体系，构建出战场复杂光电环境，以便对不同制导方式的制导兵器进行干扰，达到削弱其作战效能的目的。

2.国内现状与差距

针对不同制导模式，我国在型号研发过程中有针对性的配套建设了相应的测试设备，如激光制导武器末端参数综合测试设备，毫米波可视化随动测试系统等，但国内针对制导兵器的对抗干扰测试评估方法不健全，通用化标准化技术有待提高，向多波段扩展能力有限，多模制导等新型制导武器测试手段急需研究，高速飞行制导武器测试能力与美国等军事强国仍有一定差距。

我国至今没有建立完整的内、外场制导武器复杂电磁环境抗干扰试验测试系统，而且抗干扰试验所需要的战场逼真的复杂电磁环境配套不完整，定量可控的典型电磁干扰环境产生设备频段范围窄，很多精确制导武器都是以光电技术和雷达技术为牵引进行的。同时，开展了电磁干扰环境典型化、定量化描述方法和实施方法研究、新型的抗干扰机理及其效果研究，但缺少完整、体系的导弹武器抗干扰考核指标，尚未形成统一的抗干扰评价和考核标准等，抗干扰效果不能及时验证，尤其在多模制导武器的发展中，急需研究抗干扰性能的试验测试与考核技术。

国内已经认识到了在复杂战场环境下进行作战试验的重要性，也逐步开展了相关内容的研究，如"激光半主动制导反坦克导弹导引头抗激光角度诱偏性能测试"和"复杂电磁环境下小型精确打击战术导弹虚拟试验技术"，但由于起步较晚，国外的技术封锁等原因，使得贴近实战环境下的对抗干扰测试评估技术远远落后于国外，目前在贴近实战环境下进行精确制导武器试验相应的软硬件手段不完善，急需开展贴近实战环境下制导兵器效能的试验测试与验证技术研究。

整体上，制导武器装备复杂电磁环境对抗干扰效应试验结果分析与评估技术的研究尚处于起步阶段，相关单位已先期开展了一些研究，力图建立适合我国武器装备的复杂电磁环境对抗干扰试验结果分析与评估技术体系。

（三）毁伤测试与评估技术国内外发展对比分析

1. 国外技术发展现状

世界军事强国都非常重视制导武器弹药毁伤效能测试与评估能力建设。美国和俄罗斯在毁伤效能测试评估和武器弹药效能手册研编方面最具代表性，也取得了丰硕的成果。英、法、德等北约国家基本都是仿效美国的做法，独联体国家则主要借鉴俄罗斯的研究成果。

（1）美军毁伤效能评估能力现状

美国于20世纪40年代最早开启研究工作，拥有较为丰富的目标毁伤模型测试与评估基础，一方面是基于大量的（战场）数据采集工作，更重要的是建立了毁伤试验设计准则、提取数据的方法流程以及根据模型使用效果对其进行修正的一整套闭环程序。美军方编写的《联合弹药效能手册》《目标毁伤评估手册》《目标毁伤评估快速指南》等大量评估标准或规范运用于引战配合系统设计、弹药毁伤评估、目标易损性分析等领域，已融入到美军的武器弹药发展和作战使用当中。目前美军已形成统一的毁伤测试评估标准、体系和平台，开发了成体系化的评估模型和建模软件、内嵌多种工具及数据库。2017年美军发布了联合弹药效能武器运用工程系统软件（JWS v2.4），软件在输入打击目标、目标属性、打击位置以及攻击武器类型后，可以自动计算出目标大致毁伤情况及毁伤概率。由于美军精确制导武器所占的比重较大，因此美军在制定火力毁伤计划前，会根据目标的特性，进行周密的计算，选择合适的兵器类型、数量及使用条件。

（2）俄军毁伤效能评估能力现状

俄罗斯毁伤效能测试评估研究和应用工作开展较早，也较为系统。早在20世纪50年代，苏军根据"二战"期间大量数据的统计分析，结合航空武器装备的使用开展了毁伤效能评估研究工作，形成了《轰炸指南》。冷战时期，开展了火力毁伤研究工作，并结合武器装备发展进行了大量实弹试验、数据采集和毁伤效能评估分析研究，研编了《航空毁伤武器作战使用指南》。指南内容涉及航空非制导武器和制导武器的主要性能、毁伤作用、作战使用方法、特点，以及作战使用效果评估预测等诸多方面。其基础数据、理论方法和经验公式都是在大量的研究论证、靶场试验、实战统计基础上取得的，具有很高的实用性价值。

近年来，俄军在探讨火力毁伤特点、规律方面，提出了火力交战、信息 – 火力作战等新概念。在近年举行的中俄联合军事演习中，俄罗斯空军参演部队所配备武器弹药的种类和数量都是通过毁伤评估进行测算和确定的。

2. 国内现状与差距

目前我国在科研阶段弹药威力场测试评估主要以静爆试验验证和火箭撬动爆试验验证

为主，形成了较全面的测试技术和试验方法、试验标准规范，也积累了较多的威力试验数据。针对面向实战的弹药动态作战能力考核研究较少，动态威力场测试较少进行，武器装备的实战作战性能摸底不足。近年来，开展了一些实弹动态打击测试试验，储备了实弹毁伤测试技术和试验方法，开展了动态威力场模型研究，获得了实弹动态弹道数据和终点目标打击数据，但仍有较多问题未得到解决。

（1）我国毁伤测试需要形成具有我国特色的毁伤评估研究和应用理论与技术体系，到目前虽然很多单位开展了大量的研究工作，但相关概念和技术内涵有待进一步统一。

（2）相关试验、测试、评价方法、规范和标准有待健全，仍有很多试验、测试没有规范和标准，测试能力较分散，测试数据标准和规范要求以及数据共享机制急需进一步加强。

（3）武器弹药设计研发过程中对实战化毁伤能力研究，多以静态理想试验、或平衡炮/火箭橇等理想速度加载的动态试验进行威力评定，对实战条件下和理想条件下威力差异及其毁伤机理有待研究，急需开展复杂环境、动态交汇、随机命中等实战条件下的弹药毁伤能力的研究工作。

（4）作战训练仍以充气靶、十字靶、等效靶等为主，对目标易损性研究有待深入，需要研究建立各类目标的毁伤判据和等效靶准则，并且能够应用到真实目标毁伤测试评估中。

（5）急需建立实战条件下弹药的毁伤威力定量表征和描述方法，实战动态毁伤过程中弹药毁伤元快速、精确测试技术手段，满足军方"精确打击、精确评估"的迫切需求，对武器弹药实战应用水平和能力方面彰显有待提高。

四、发展趋势与对策

（一）试验测试技术发展趋势与对策

1. 发展趋势

试验测试技术方面，世界各主要军事强国正在逐步摒弃为每种武器配备专用测试测量和诊断的设备，着力发展更加灵活、可满足多系统、体系化、实战化的测试测量要求，新一代测试系统应该是一种可重构、可移动、可部署、模块化、自动化的通用测试系统，这种灵活的测试平台不仅可用来诊断当前的电子与光电系统，而且能够规划下一代智能弹药测试发展的要求，形成在线可更换单元，开放式系统软件架构的通用测试平台，能够适应多平台武器系统性能作战鉴定的测试需求，解决制导兵器空天地一体化试验与测试（agNET）、多区域联合试验测试网络、多平台联合末端打击瞬态多参量测量等问题。

2. 发展对策

根据制导兵器发展的主要方向，我国应采取的措施和对策为：

（1）开展制导兵器试验测试与评估相关的标准规范研究，充分利用已有的研究基础和条件，开展制导兵器测试技术体系化布局和创新发展，不断引进新理论、新方法、新技术，制定新标准，促进测试技术在满足在研新型制导兵器测试基础上，兼顾未来制导兵器的测试要求；

（2）开展测试设备通用化、模块化发展，形成在线可更换单元，开放式系统软件架构的通用测试平台，能够适应多平台多制导模式武器系统性能测试需求，避免重复研发和建设；

（3）进一步增强外弹道全要素测试能力，按照远程制导弹药、超高速目标以及多目标的不同测试需求，不断完善弹道组网测试能力，进一步增大试验测试范围，提高测试精度，实现弹道测试数据融合处理、为制导武器试验指标评定、故障分析提供可的测试保障；

（4）大力发展空天地一体化网络测试技术，未来制导武器试验将由单一技术指标鉴定向作战效能评估转变，试验对象由单武器系统向多平台作战体系效能考核转变，武器装备将从独立作战向网络协同作战转变，因此制导兵器试验测试与评估技术在网络化体系下发生了深刻的变革，通过空天地一体化测试网络系统才能将多试验对象（目标）、空天测试资源与地面试验测试资源高效集成，进行人机互联和协同试验，才能提高动态信息与大数据共享能力，才能将武器装备全过程试验测试数据与虚实仿真试验数据有机结合，为全面验证装备作战效能提供数据基础和技术支撑。

（二）对抗干扰测试评估技术发展趋势与对策

1. 发展趋势

面向我国军工靶场/试验场外场试验能力整体提升，完善对抗干扰试验测试技术体系，开展多区域、多目标、多平台对抗干扰试验信息集成与数据挖掘技术研究，优化靶场/试验场等效模拟复杂试验环境，开展产品/目标/环境测试技术、模拟试验平台技术、复杂环境构建与评估技术、等效靶标、靶机等目标模拟等技术研究，以及适应实战的对抗环境模拟、恶劣自然环境模拟等问题，开展制导兵器在复杂干扰与对抗环境下的适应性试验与评价研究，解决高超声速、多模复合制导等新型武器和新型探测、攻防对抗武器的试验验证问题。

2. 发展对策

（1）进一步提升对复杂对抗体系重视，制定制导兵器复杂对抗性能试验验证资源战略规划和短期、持续和长期的技术研究策略，构建可模拟外军装备的光电对抗干扰设备和试验环境，以便对不同制导方式的制导兵器进行干扰，提升制导兵器对抗干扰的能力；

（2）设备设施构建需要更接近真实战场环境，建立相应的环境模拟方法，复杂对抗环境监测技术手段，对抗设备与考核评估标准，开展等效靶标、靶机等目标模拟等技术的研究；

（3）提高体系对抗试验测试能力，制导武器作战样式的多样化和远程化，使武器系统的信息力成为制约武器系统作战效能发挥的关键因素，也逐步成为制导武器考核的重点与关键，武器装备信息通过战术互联可实现体系对抗，相应的测试与评估能力也应配套发展。

（三）毁伤测试与评估技术发展趋势与对策

1. 发展趋势

随着制导兵器训练考核、装备性能评价、作战试验鉴定逐步逼近实战化和真实作战试验环境，在此过程中发现部队装备的武器系统打击能力和毁伤能力与战技指标的差距，大量数据表明，实际作战条件下的战斗部动爆威力场在三维空间内呈不规则分布，毁伤元的作用强度和作用范围受落点、落速、方位以及地形地貌等因素的影响不可忽略。

在接近真实作战环境中开展制导兵器的毁伤测试与评估技术成为未来测试与评估的必然趋势。

2. 发展对策

毁伤测试与评估技术发展对策主要有：

（1）加强技术体系规划，形成科研院所－靶场试验场－作战部队之间的协调联系，开展具有我国特色的毁伤评估研究和应用理论与技术体系的研究工作，建立健全相关试验、测试、评价方法、规范和标准，开展动爆威力场模型，动静爆关联技术研究，建立实战条件下弹药的毁伤威力定量表征和描述方法；

（2）目前我国军用特种传感器已成为精确打击武器试验与测试技术发展的瓶颈，建议加紧特种测试传感器技术的开发，尽快突破战斗部毁伤参数、动力试验测试等"三高"（高温、高压、高过载）传感器和微小型传感系统的关键技术，研制自主可控的特种测试传感器；

（3）以典型弹药为重点切入点，通过试点研究工作，补齐实战毁伤测试评估设备设施，加强实弹实战用靶标等效技术研究，形成典型弹药使用手册；

（4）开展实战毁伤智能测试技术研究，建立实战动态毁伤过程中弹药毁伤元快速、精确测试手段，开展远程弹药末端弹道的捕获跟踪及引导控制、系统协同工作、自适应多发多批次快速打击多目标的实战演习节奏、抗复杂环境组网高速率通信技术、落／炸点不确定情况下弹药毁伤元远程精确测试技术、多源数据快速传输融合处理与重构再现等关键技术突破；

（5）针对未来多军种联合实战演练试验测试需求，开展以无人机搭载平台（搭载激光照射器、激光光斑监测仪、高速摄像等仪器设备）、卫星侦察与通信等多种手段对复杂战场环境的监视评估，利用陆上、海上以及空中联合毁伤测试评估系统组成的测试网络（包括大范围与局部高清高速摄影、红外侦察告警系统、光电磁多种传感器网络系统等），对实际战场多目标的打击效果进行实时毁伤测试与评估。

参考文献

［1］ Steve Musteric. Advanced Weapon Effects Test Capability（AWETC）［R］. U.S Airforce 96th Range Group & 96th Test System Squadron，2015.

［2］ Morris R. Driels. Weaponeering：Conventional Weapon System Effectiveness［M］. U.S：American Institute Aeronautics and Astronautics，2013.

［3］ Robert F.Behler. Director Operational Test and Evaluation FY2017 Annual Report［R］. 2018.

［4］ 中国国防科技信息中心试验鉴定领域发展报告［M］. 北京：国防工业出版社，2017，4.

［5］ 范开军，等. 毁伤评估技术体系概论［C］//2015年全国毁伤评估技术学术研讨会论文集. 兵工学报编辑部出版，2015，10：13-17.

［6］ 郭美芳，范开军，等. 毁伤评估国外发展现状与趋势分析［C］//2015年全国毁伤评估技术学术研讨会论文集. 兵工学报编辑部出版，2015，10：17-26.

［7］ 张宝珍，等. 国外武器装备电磁环境适应性试验与评价技术及能力发展综述［C］//第五届国防科技工业试验与测试技术发展战略高层论坛论文集. 中国计算机自动测量与控制技术协会出版，2014，11：1-7.

［8］ 蔡小斌，等. 国防科技工业试验与测试技术的发展思路［C］//第二届国防科技工业试验与测试技术发展战略高层论坛论文集. 中国计算机自动测量与控制技术协会出版，2008，10：1-4.

［9］ 冯晓霞，等. 外军装备虚拟试验与测试技术分析［C］//第五届国防科技工业试验与测试技术发展战略高层论坛论文集. 中国计算机自动测量与控制技术协会出版，2014，11：57-60.

［10］ 王凯，等. 武器装备作战试验［M］. 北京：国防工业出版社，2011.

［11］ 周旭. 导弹毁伤效能试验与评估［M］. 北京：国防工业出版社，2014.

［12］ 马俊海，等. 美军常规武器试验靶场手册［M］. 北京：国防工业出版社，2014，11.

［13］ 杨凯达，赵文杰，等. 目标毁伤效果评估技术研究进展［J］. 国防科技，2014，35（2）.

［14］ 洛刚，崔侃，等. 关于推进我军装备一体化试验的思考［J］. 装备学院学报，2015（4）.

ABSTRACTS

Comprehensive Report

Advances in Technology of Guided Weapon

Guided weapon is a kind of weapon with guidance and control system, which can kill enemy forces accurately and efficiently, attack enemy important facilities, and defend the national security effectively. The guidance weapon integrates the latest scientific and technological achievements about machinery, electronics, chemistry, information, control and other disciplines, and it is an important symbol of the national science and technology level and plays an increasingly important role in modern war.

This report mainly research the tactical missile, guided rocket, gun-launched guided ammunition, guided bomb and loitering munition, which fly in the atmosphere and attack various static and moving targets. The discipline of guided weapon technology mainly involves the system design, launch, propulsion, guidance and control, damage, simulation and test, experimental testing and evaluation. In order to adapt to the increasingly complex battlefield environment and growing operational requirements, guided weapon technology will focus on researching long-range precision strike, cooperative penetration, multi-effect damage, and networked operations.

Driven by military demand and modern science and technology innovation, our country has obtained great scientific achievements about guidance weapon technology after long-term development. In the research of system top-level design, weapon system design, guidance and control system, structure and electrical system, aerodynamic layout and flight performance design, and guidance weapon trajectory design, China has effectively applied and integrated modern design theory, engineering development method, new concept, new material, new technology, and established the professional research and development system for modern Weapon and equipments.

In the past five years, the discipline of guided Weapon has adhered to the major national strategy, met the needs of major military industry, adhered to innovation guidance, targeted at the forefront of science and technology, achieved original scientific research results with world advanced level, enhanced the industry's independent innovation ability, and has realized the leap of our country's weapon equipment combat capability.

In terms of tactical missiles, for the first time, the vehicle mounted "Red Arrow" 10 missile has achieved the precision strike of air and ground targets over the horizon, with the characteristics of high information level, strong anti-interference ability, high precision, multi-function and strong damage, and has new quality combat performance such as continuous attack over obstacles, adapting to complex battle environment, and real-time evaluation of damage effect. It has already appeared in the military parade commemorating 70th anniversary of the victories of War of Chinese People's Resistance Against Japanese Aggression and the World Anti-Fascist War, and the celebrating the 90th anniversary parade of Chinese People's Liberation Army. The helicopter air-to-ground missile fills in the blank of the long-range precision strike capability of army aviation, and has the characteristics of high hit accuracy, strong damage capability, high reliability and strong platform compatibility. With the advantages of high hit rate and strong combat performance, the "Blue Arrow" series of air to ground missiles have achieved a large number of exports and become the "Star" products in the international military trade market.

In terms of guided rockets, the new 70 kilometers long-range guided rocket achieves long-range precision strike, marking the technical leap of our long-range rocket equipment from correction control to full range guidance. The "Fire Dragon" series of guided rockets cover a range of 10km-300km, greatly improving the shooting accuracy and operational efficiency. Among them, the "Fire Dragon" 480 high-power guided rocket has the ability of all-weather, all-around field launch without support, which can achieve accurate ground strike and multi-domain operational potential.

In terms of gun-launched guided ammunitions, a series of laser terminal guided shells achieve long-range precision strike, greatly improving the long-range precision strike ability of our artillery. The successful development of multi caliber gun launched missiles has greatly improved the long-distance precision strike capability of our main battle tanks.

In terms of guided bombs, "Tian Ge" series laser-guided bombs can be dropped outside the defense zone, which has the characteristics of high hit accuracy, strong anti-jamming ability, and high cost-effectiveness ratio. Its comprehensive performance is close to the world advanced level.

In terms of loitering munitions, the single loitering munition has the capability of long-term air stagnation, wide area reconnaissance, and long-term blockade and precision strike. On the basis of the development of the single loitering munition, the key technologies such as member networking, cooperative perception, dynamic planning, intelligent decision-making and formation control have been broken through.

In terms of launch technology, AR3/SR5 multi-barrel rocket system, "Red Arrow" 10 missile launch vehicle, portable single soldier launched device and other new platforms have been successively completed, and key technologies such as common frame launch and soft launch have made been broke through.

In terms of guidance and control technology, a series of key technologies have been broke through, and miniaturized infrared image seeker, high-precision MEMS gyroscope and integrated navigation device, high-frequency/high-torque steering gear, integrated flight control device and other products have been successively developed .

In terms of damage technology, the serialization development ability of anti-armor warhead continues to improve, and the technology of anti-hard-target warhead develops rapidly. The high-energy explosive has been applied to the large equivalent explosive warhead.

In terms of simulation and test technology, the design ability of the general simulation platform has been greatly improved, and the simulation ability of various guidance systems has been provided. The simulation system of weapon system confrontation and equipment system of systems have made great progress.

In terms of testing and evaluation technology, the test and evaluation theory represented by the sequential network diagram test theory has been established. The test conditions of supersonic rocket sled test have been met. The dynamic simulation system of seeker and data link has constructed. The guidance performance test specification has been formed around the system of laser semi-active, infrared image, millimeter wave radar and other conductor systems, and the target characteristic database have been established.

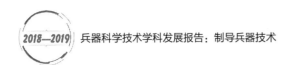

With the efforts of Chinese scientists and technicians, guided weapon technology has not only achieved a series of historic breakthroughs in weapon equipment, but also reached the world advanced level in some important fields. With the continuous advancement of the modernization of our army, higher requirements are put forward for the performance of Weapon and equipment. In the new historical period, based on the intelligent ammunition and intelligent platform, guided weapon technology will focus on the issue of multi-dimensional battlefield perception and recognition, refusal of environmental positioning and navigation, human-machine integration, group intelligence and other technologies. We will make further progress in the field of systematization, informationization and intelligentization, make further improve in the discipline foundation and discipline system, and push boost-guided Weapon and equipment advancing toward higher goals. A development path of guided weapon technology should been explored with Chinese characteristics and completely independent innovation, which can meet the needs of future wars and battlefields, and provide strong support for the construction of world first-class army.

Reports on Special Topics

Advances in System Design Techniques
of Guided Weapon

Facing big changes of the modern war form and campaign modes, the military powers in the world are boosting the innovative development of guided weapon techniques. The recent advancement of network information and artificial intelligence techniques provides a solid foundation for developing the system design techniques of guided Weapon. Recently, rapid development and progress have been achieved in guided weapon techniques including design theories and methods, aerodynamics and flight mechanics, launch and propulsion, navigation, guidance and control, etc. This report mainly reviews and discusses the state of art of advanced system design techniques of guided Weapon in China. In addition, comprehensive comparative studies with foreign countries are also been carried out to reveal the technological gap in the system design techniques of guided Weapon between China and other foreign countries. Furthermore, the future development trends, countermeasures, and suggestions on further enhancing the system design techniques for guided Weapon are also summarized.

In this report, the state of art of advanced system design techniques of guided Weapon in our nation mainly involves the following two aspects, i.e. guided weapon equipment and system design related techniques. For the development of guided weapon equipment, our country has established a complete equipment system of guided Weapon, which consists of tactical missiles, guided ammunitions, and loitering munitions, and so on. Moreover, amounts of guided weapon equipment have been successfully developed including portably tactical missile for troops, vehicle-mounted and multi-role tactical missiles, air-to-ground guided missiles, homing projectiles, artillery missiles, guided rockets, guided bombs, loitering munitions, etc. In addition, a number of domestic research institutes and universities have performed numerous theoretical and experimental studies on system design related techniques for developing guided Weapon including system design for quick and long-range strike guided Weapon, multidisciplinary collaborative design, novel aerodynamic configuration design, trajectory design, networking cooperation, etc.

According to the comparisons of advanced system design techniques for guided Weapon between China and other countries, it is advised to develop the guided Weapon towards the new directions of multipurpose, multi-platform, cross-domain operation, information, and intelligence to meet the various military requirements of new land warfare. Besides, the new design concepts and theories including system engineering, multidisciplinary design optimization, and collaborative design should be incorporated with developing modern guided Weapon to improve system performance and design efficiency. It is also highly recommended to address several bottle-neck key techniques related to system design of guided Weapon including knowledge-driven intelligent design, model-based system engineering, large-scale swarm operation, system-of-system intelligence design, and low-cost design. Development of these new design concepts and theories, and the bottle-neck key techniques can provide a solid foundation to boosting the development and evolving progress of next generation guided Weapon.

Advances in Launch Technology of Guided Weapon

Guided weapon launch technology is a branch of weapon launch theory and technology, which mainly concerns with launching ammunition via engine's thrust or other energy, ensuring flight stability and damage effect of ammunition.

China's guided weapon launching technology has made great achievements after having gone through the process of imitation, self-research and independent innovation in the past 60 years.

The overall technical performance of the ultra-long range launching platform has reached the international leading level, which can be used for the launch of various types of guided rockets and common-frame rockets launch, greatly satisfying the tactical and strategic requirements. High-mobility launch platform has multiple advantages, such as rapid firepower, fast delivery and wide-area mobility, which can effectively meet the needs of the special operational environments such as continental plateau and mountain jungle. Therefore, it plays an important role in transforming the army equipment system and improving army combat ability. A novel generation of field rocket launcher using electromagnetic technology is developed based on the innovative application of the electromagnetic technology on guiding weapon launch, effectively solving the problem of instantaneous energy release of the engine in the initial launch stage. It fundamentally changes the structure and charge ways of the rocket engine, which provides a strong foundation for the development of low-cost engines. Along with rapid development of industry and emergence of new materials technology, individual weapon systems are becoming more and more portable, with better firing range, damage ability, maneuvering ability, and operability.

Generally, there is no obvious gap between China's guidance weapon launching technology and similar foreign technologies, and some technologies even have taken the leading position in the world, as follows: (1) The maneuverability of light and ultra-light rocket launchers is basically at the same level as the foreign launchers, but there is still room for development in the diversity of rocket types and maximum firing range; (2) Ultra-long range launch platform technology has reached the world's leading level. The existing launch platform has the ability to launch rockets with a range greater than 300km, and the platform has strong compatibility and adaptability to rockets; (3) In the field of non-chemical energy-assist launch technology, the electromagnetic-assist launch technology has made breakthrough, but there is still much room for improvement in the application of cold and hot air-assist launch technology.

In the aspect of ultra-long range and high mobility launch platform, the future development should focus on the informatization and intelligence technology of bazooka, autonomous rapid reloading technology for the intensity of fire attack, and the full electrification of the weapon system. The future research direction of electromagnetic rocket launcher should mainly focus on engineering design and implementation. Individual rocket Weapon should develop towards standardization, modularization, universalization, serialization, and "one-missile for multi-platforms" or "one-platform for multi-missiles" mode, and gradually carry out intelligent, compound and systematic research of the system, and its combat use should be developed from independent application to system coordination.

Advances in Propulsion Technology of Guided Weapon

As the heart of the guided weapon, propulsion system has an important influence on the weight, volume and cost for the guided weapon, which has received increasing attention in the engineering design process. As a subsystem of the guided weapon, the propulsion system acts as the function of converting the chemical energy of the fuel into kinetic energy, which should be considered closely with the overall design technology.

With the rapid development of modern guided Weapon, various types of propulsion systems and technologies have made major breakthroughs, and various research technologies and actual combat levels have reached new heights of development. Under the concerted efforts of research institutes and enterprises, China's guided weapon propulsion technology has reached a new stage. In addition, with the development of modern war, solid rocket ramjet engine, rocket-based combined power engine for the high-speed guided weapon, and turbocharger-based engine for the cruise munitions have received extensive attention and become one of the new research hotspots of power systems.

Current status and development trend of guided weapon propulsion system at home and abroad have been discussed widely, which will play an important role in the development of the guided weapon and its power system.

Advances in Guidance and Control Technology of Guided Weapon

The guidance and control technology of guided Weapon is a comprehensive technology involving many subjects and fields. Its level directly determines the function and performance of guided Weapon. This field covers the whole guidance and control system, guidance detection, intertial and navigation, missile information processing, actuator, trajectory optimization and energy management data link technology, ect. This report introduces the development status of guidance and control technology of guided Weapon in China, compares it with the international research situation, and summarizes the development trend and countermeasures of guidance and control technology of guided Weapon.

Advances in Damage Technology of Guided Weapon

In China, the damage technology of guided Weapon mainly focuses on anti-armor, anti-hard target, high-explosive and new concept warhead technology and fuse technology. After a long period of research and accumulation, especially in the past 5 years, important breakthroughs have been made in this area by independent innovation and tackling key technical problems. Successfully developed and equipped a group of innovative and advanced warhead and fuse products, significantly improved the technical level and damage capability of guided Weapon, and significantly shortened the gap with the world's military powers.

In the aspect of anti-armor warhead, it gradually presents the characteristics of multi-platform, intelligent and multi-mode attack. As for the anti-hard target warhead, it has been equipped on the DF, CJ and PHL03 weapon platforms. The damage efficiency has increased by more than 30% compared with ordinary one. Some products have reached the international advanced level having the ability to leapfrog development. High-energy explosives and prefabricated fragments technology are widely used in various types of guided high-explosive warhead, which makes the equipment system expand continuous. For new concept warhead, through the preliminary exploration of conception and pre-research of technique, the damage mechanism is revealed and the technical feasibility is verified. Next, breakthroughs in key technologies were carried out, the design method of warhead has been put forward and the terminal effect of warhead is verified. All of these work lay an important foundation for key technology breakthrough, research and development of new concept/new warhead. For fuse, it has further strengthened the

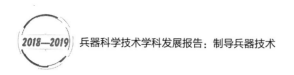

survivability and the reliability of working in complex environment. Anti-interference ability and environmental adaptability have been greatly improved. And some fuse technologies have already reached world-class level.

Advances in Simulation and Test Technology of Guided Weapon

The simulation and test technology of guided Weapon, including simulation theory and method, simulation system, guiding system simulation, networked cooperative guidance simulation, weapon system and countermeasure simulation, signal simulation, data acquisition and fault diagnosis, etc. It is important means to test and verify the performance of guided system and electrical system.

This report summarizes the development status of various technical directions, compares the research abroad, and analyzes and looks forward to the gap in various technical fields on China's guidance weapon simulation test, development trend and, countermeasures.

In recent years, the development of guided weapon simulation and test technology is mainly in system integration and simulation applications. The main work is to solve the technical problems such as fast test conversion of various types of guidance and physical simulation system, The simulation capability and level of infrared imaging guidance and laser semi-active guidance are improved. The test capability of millimeter-waves guided simulation, satellite navigation guided simulation, networked collaborative guidance/control simulation are developed, it also has initial capability in weapon system countermeasure simulation and weapon equipment system simulation, developed a variety of integrated test systems such as desktop, portable, embedded guided weapon overall test equipment, established relevant test specifications, strongly support the development and performance verification of various types of guided Weapon.

To the future, it is necessary to improve the accuracy of hardware-in-the-loop simulation of various guidance modes by improving the key simulation equipment software, expands the capability of multi-model compound guidance simulation, networked cooperative guidance simulation and new guidance mode simulation, the fault diagnosis system and the health management capability construction of weapon equipment are promoted .

Advances in Experimental Testing and Assessment Technology of Guided Weapon

Experimental testing and assessment technology is to test and verify the military systems, subsystems, equipment, components, or equivalent models in real, simulated or virtual conditions. It focuses on the basic theory of munitions testing and evaluation, guided Weapon test and assessment technology of combination of virtual and real, ballistics testing technique, anti-jamming measurement and assessment technology in complex battlefield environment, munitions damage testing and effectiveness evaluation. Through theoretical research, the high-value ammunition under small sample conditions can be accurately evaluated. Through virtual and real experimental research, the Weapon can be efficiently developed and tested in the whole life cycle. To meet the future development trend of guided Weapon, it is necessary to develop the long-distance, ultra high-speed and high-precision whole trajectory testing technology. By researching anti-jamming and weapon system effectiveness assessment technology which can improve the Weapon viability and achieve maximum damage performance on the battlefield.

索 引